クラウゼヴィッツ

『戦争論』の思想

CLAUSEWITZ

A Very Short Introduction

マイケル・ハワード【著】
奥山真司【監訳】

勁草書房

Clausewitz : A Very Short Introduction
by Michael Howard

目次

凡　例

・クラウゼヴィッツ『戦争論』の引用元として、本訳書では日本クラウゼヴィッツ学会訳『戦争論 レクラム版』(芙蓉書房出版、二〇〇一年)をおもに使用した。ただし必要に応じて、清水多吉訳『戦争論』上下巻(中央公論新社、二〇〇一年)も随時使用した。脚注では初出以降、それぞれ「レクラム版」「清水訳」と表記した。

・訳注は、〔 〕を付して本文中に挿入した。

・原書でイタリック体で強調されている箇所には傍点を付した。

・巻末の索引は、本訳書で独自に作成したものである。

カール・フォン・クラウゼヴィッツ（1800年頃）

序論

カール・フォン・クラウゼヴィッツの『戦争論』について、アメリカの戦略思想家であるバーナード・ブロディ（Bernard Brodie）は、次のように大胆な発言を行っている。「クラウゼヴィッツの『戦争論』は、単に最も優れているというだけではない。戦争に関する唯一の偉大な文献である」。この発言に異を唱えるのは難しい。社会、政治、または経済思想の理論書に匹敵するものを軍事理論の分野で作ろうとしても、クラウゼヴィッツの偉業に太刀打ちするのが困難であることは誰にでもわかるはずだ。

　戦争をテーマにした他の著述家たちの中でも、当時の政治的な事情、または技術的な背景によって自分の洞察力に課せられた限界をクラウゼヴィッツのように超えることができた者は、存在したとしてもごくわずかである。クラウゼヴィッツ以降の世代の人々がどのように戦争を考えてきたかを示す著作は数多くあるが、戦争そのものを考えるための手がかりを与えてくれる思想家は驚くほど少ない。こういった思想家たちは、自分たちが生きている時代に特有の表面的な現象ではなくその深層に入って考えるものであり、戦争をただの技術《クラフト》ではなく、敵味方の双方とも政治目的を達成するために暴力を意図的に用いることを合法としている点において他の活動すべてとは明確に区別される、大きな社会的・政治的な活動《アクティビティ》であると考えるのだ。

たしかに優れた研究書としては、おそらく紀元前四世紀頃に書かれたとされる『孫子兵法』が存在する。クラウゼヴィッツと同時代の人間であるジョミニ（Jomini）の著作にも、優れた章がいくつか含まれている。リデルハート（Liddell Hart）や、リデルハートと同時代の奇人であるJ・F・C・フラー（J.F.C. Fuller）の著作にも、優れた部分が散在している。マルクス（Marx）、エンゲルス（Engels）、レーニン（Lenin）およびトロツキー（Trotsky）の著作からも、興味深い洞察が多く見つかる。クラウゼヴィッツ以前の思想家の中では、ツキュディデス（Thucydides）やマキャベリ（Machiavelli）らの著作の中にある付言などから多くの冷徹な知恵を集めてくることも可能だ。しかし、クラウゼヴィッツが行った戦争研究に匹敵するほどの体系的な研究は存在しない。大抵の軍事の専門家というのは、後世に残る知恵を導き出すことではなく、むしろ自分と同世代の人間や、同時代の社会に対して助言することのほうに関心を持つものだからだ。

クラウゼヴィッツは自分の著作について、二、三年後には忘れられてしまうものではなく、「このテーマに関心を持つ者が一度ならず手にするかもしれない」[1]といったものになってほしい、という控《ひか》えめな希望を述べていた。

しかしクラウゼヴィッツの主な関心は、自分と同じプロイセン人や、同時代の人間の力になることにあった。クラウゼヴィッツは、プロイセン将校団（Prussian officer corps）の一員であり、ホーエンツォレルン朝に忠実であった。だがクラウゼヴィッツは、プロイセンが直面していた問題の大半よりも、フランス革命によって引き起こされた政治的な流れにどう対処すべきかということに関心があった。たしかにフランスによる侵略という脅威は一八一四年から一八一五年にヨーロッパ諸国の力によって阻止されたが、クラウゼヴィッツはその脅威が決して打ち砕かれたわけではないと考えていた。そしてもし戦争を理論的に理解できれば、プロイセンとその同盟国たちは、先祖代々の敵に対する次の戦争を、迅速かつ効果的に遂行できるようになるのだ。

（1）日本クラウゼヴィッツ学会訳『戦争論 レクラム版』芙蓉書房出版、二〇〇一年（以下、レクラム版）、一一頁。

そもそもクラウゼヴィッツは、自分と同じ職業軍人のために書いていたのであって、大学の政治学部で講義をするような学者ではなかった。したがって、彼は作戦を計画している指揮官にとって直接役立つように、分析の対象を意図して狭めたのだ。実務家たちにとっての悪夢は、実際の状況と直接結びつけることができない抽象論や、事例による裏付けができない命題、そして目前の課題に関係しない事象を論じることであり、クラウゼヴィッツもそれを理解していた。

もちろんクラウゼヴィッツは一人の思想家として、たしかに自《みずか》らが研究するテーマの核心に到達しようとしていた。ところが彼はつねに理論を行動に結びつけようとしており、自分が熟知しているタイプの戦争を遂行することに直接関係しないものは、自分の研究テーマである戦争に関するものであってもすべて無視したのだ。

> 戦争指導には、火薬や火砲をつくるために石炭、硫黄と硝石、銅と鉛が与えられるのではなく、威力を持った兵器の完成品が与えられるからである。戦略は、三角測量術に頭を悩ますこともなく、地図を使用すればよい。戦略は、最善の戦争成果を得るために、どのように国土が整備され、国民が教育され、統治されねばならないかを考察するものではなく、これらがヨーロッパの国家社会においてどのような状態にあるかを考察し……。(2)

それゆえ、クラウゼヴィッツは実用性と簡潔性を優先し、普遍性を犠牲にしている。しかし、自分がどれほど多くの事項を犠牲にしていたかについてクラウゼヴィッツ自身がどこまで自覚していたかは疑問の残るところだ。二度の世界大戦を経験した後では、戦争における戦闘行為を真に可能とする経済的基盤について全く考慮しないクラウゼヴィッツのような戦争の理論を批判するのは簡単だ。しかしこのような批判を行うことは、単に後知恵であるだけではない。

クラウゼヴィッツが徹底的に行ったような形でナポレオン時代の戦争を研究しようとすれば、実際には戦争の性質に関する非常に限定された考え方が求められたのだ。たとえばクラウゼヴィッツは、大陸封鎖（対英征服を強固にし、かつ拡大するため、軍事的手段のみならず経済的手段も用《もち》いようとしたこと）がナポレオンの戦略において果たした役割、そしてナポレオンの失脚において果たしたであろう役割を考慮していない。もちろんクラウゼヴィッツが海上での戦争に全く詳しくなかったという点は特筆すべきものだが、実際それほど驚くようなことではない。海はクラウゼヴィッツの文化圏を超えたところに広がっていたからだ。

さらに興味深いのは、軍事的な勝利だけでなく経済を運営する手段が優れていたために軍事

(2) レクラム版、一三一―一三二頁。

大国となったプロイセンの軍事専門家は、フリードリヒ・ヴィルヘルム一世の時代から、すべての軍人、政治家およびブルジョワたちの誰もが集中的に考えていた軍事問題の側面をほぼ無視していたということだ。こうした一面的なものの見方は、クラウゼヴィッツの性格と興味には限界があることを反映している。

それ以上に、クラウゼヴィッツの経歴を形作り、クラウゼヴィッツの考え方を支配したのが、大ナポレオン戦争によって受けた衝撃であろう。ナポレオン戦争の劇的な展開と、それがもたらした壊滅的な結果によって、それまでのプロイセン軍が悩んできた予算や軍の管理という日常的な事柄は吹っ飛んでしまったからだ。

単刀直入にいえば、ナポレオン戦争後は、作戦の遂行を成功させることこそが重要になった。そして、クラウゼヴィッツがその生涯を通じて経験した出来事によって明らかとなったのは、軍の資金、予算、備品の調達や軍隊の管理に関連するような深い問題ではなく、作戦遂行の成功にこそなによりもまず目を向けるべきである、ということだ。

したがって、クラウゼヴィッツが戦争の経済的側面を無視したのは、少なくとも部分的には意図的なものであった。また、もう一つの側面である技術を無視したのは、無意識的なものであった。これは容易に理解できる。同時代の知的な人間の大半と同じように、クラウゼヴィッツは自分が革命の時代に生まれ、好むと好まざるとにかかわらず、ヨーロッパ社会の政治構造全体が大きく変わりつつあることをよく知っていた。ところが他の人々と同様に、さらに大きな技術面での変革が起こりつつある時代に自分が生きていたことについては理解できていなかった。

戦争の遂行は、結局のところ二つの要因で決まる。つまり「利用可能な兵器の質」と「輸送手段」だ。第一の要因については百年間にわたって不変であった。第二の要因は千年間も不変であった。たとえばクラウゼヴィッツの生きた時代は、カエサルの頃と同じように、兵站は行《こう》軍《ぐん》する兵士と荷車を引く動物の進行速度と持久力に左右されていた。戦術は、マールバラ公爵（Marlborough）の時代と変わらず、有効射程が五〇ヤード〔約四六メートル〕の銃と、三〇〇ヤード〔約二七四メートル〕の大砲によって決定されていた。たしかにクラウゼヴィッツの生きた時代よりも前の百年間には重要な発展が徐々に進んでいたし、興味深いことにクラウゼヴィッツも『戦争論』の中でその重要性を分析していたのだが、それでも輸送と兵器の両方の変革を誰も予想できていなかった。ちなみにこの変革が始まったのは、クラウゼヴィッツが亡くなった一八三一年から一〇年後のことであり、鉄道が発展して、後装式のライフル銃が導入されたときだ。

したがって『戦争論』に記されていることの多くは、軍事史の研究者のみが興味を持つようなものでしかない。そして『戦争論』が論じている戦術や兵站の詳細な問題は、クラウゼヴィッツの死後の数十年以内に時代遅れになるようなものだった。それでも驚くべきなのは、クラウゼヴィッツの述べたことのうち、どれほど多くのことがクラウゼヴィッツの時代を超えて生き残り、かつ現代でも意味を持っているかという点だ。しかもそれらは、すっかり変化してしまった軍事情勢においてだけでなく、クラウゼヴィッツが教育しようとしていたプロイセン軍の将校という範囲をはるかに超えた、広い範囲の読者にとっても意義のあることなのだ。

そしてなぜ意義があるのかを説明することが、本書の目的である。

第1章
クラウゼヴィッツの生涯

　カール・フォン・クラウゼヴィッツが現役の軍人として活動していた時期は、フランス革命戦争からナポレオン戦争までの一七九二年から一八一五年とちょうど重なっている。プロイセン軍の退役中尉の息子として一七八〇年に生まれ、一二歳で第三四歩兵連隊の将校となった。当時その旅団を率いていたのは、クラウゼヴィッツの遠い親戚であった。

　ところがクラウゼヴィッツの家系は軍人ではないし、ましてや貴族でもなかった。先祖が資産家の学者であったクラウゼヴィッツの父親は、七年戦争という危機の間だけフリードリヒ大王によって将校に任じられていた。この危機の際には中流階級の者を受け入れるため、プロイセン軍将校団への加入条件はやむを得ず緩和されていた。

クラウゼヴィッツの父親は七年戦争の後に退役した。父親自身とその家族が述べているように、現役の間に受けた傷が原因ではなく、フリードリヒ大王がプロイセン軍の将校団を名門の地主階級（ユンカー）を中核とする本来の姿に戻したことが原因だった。

したがって、クラウゼヴィッツは、そういった排他的なプロイセン軍将校団の一員として生涯を過ごし、王族の側近にまで出世したものの、自《みずか》らは門外漢であると感じていた。フリードリヒ・ヴィルヘルム三世とその宮廷からの扱いを見れば、クラウゼヴィッツが結局は門外漢だとみなされていたことがよくわかる。

クラウゼヴィッツは、普段からやや内向的な人間であった。孤独で読書を好み、内気であり、知的な面では傲慢であった。クラウゼヴィッツは独学の人であり、入手可能な文献はどのようなものでも貪《むさぼ》るように読んでいた。関心があったのは軍事だけでなく、哲学、政治、芸術および教育などの分野にまで及んでいる。クラウゼヴィッツは筆まめで、こういったテーマでは何かを書かずにはいられないような人間だった。二〇歳のときから一八三一年に亡くなるまでの間でクラウゼヴィッツが何も書かなかったのは、軍事作戦に従事する必要があったわずかな期間のみである。

完成した原稿が書籍にまとめられたことは一度もなかった。だが、学者的で内気な外見の下には、軍人として栄誉への熱意が燃え盛っており、スタンダールの作品に登場するジュリアン・ソレルのようであった。この熱意はクラウゼヴィッツの奥深くに抑制されており、それが見てとれるのは妻に宛てた手紙の中だけであった。だが、度重《たびかさ》なる参謀職への任務では、その熱意が決して満たされることはなかった。

クラウゼヴィッツの上官たちは、その知的能力を考えるとクラウゼヴィッツには参謀職が最も適任であると考えており、おそらくこれは正しかったのかもしれない。ところが彼のこの熱意は、戦場の指揮官に要求される資質についての分析、指揮官が耐えることを学ばなければならない激しい精神的なプレッシャーについての分析、そして指揮官が直面するあらゆる事態の中でも当然必要とされ、かつ望ましいとされる、流血を伴う戦闘というドラマに関する分析に、大きな力を与えることになったのだ。クラウゼヴィッツによる著作には、戦場で必要とされることが多く、さらには徹底した分析にも役立つ、彼の情熱的な性格がよく表れている。

クラウゼヴィッツは、戦場を経験したことのない事務方の軍人ではなかった。砲火の洗礼を初めて浴びたのは一三歳のときである。そのとき、プロイセン軍は、第一次対仏大同盟軍の左翼に位置していて、フランス第一共和国軍を包囲して押し戻しており、最初はライン川、それに続いて〔フランスの〕ボージュで戦闘を行っていた。ボージュの広大な谷を前進し、木に覆われた険しい山道を重い足取りで登り降りする中で、歩兵であれば誰もが身に付けている地形についての知識を得ていた。この経験が『戦争論』の中の多くの記述に活かされている。

プロイセン軍の戦いは一七九五年のバーゼル条約で終結し、プロイセン王国は不安定かつ自己欺瞞的ともいえる「非同盟」という状態に引きこもっていたのだが、その一一年後には不本意ながらその立場を捨てなければならなくなった。この時期のクラウゼヴィッツは、最初の五年をノイルッピンという小さな町の駐屯地の中で過ごした。知的な兵士というのは、平時の特徴である長い余暇を決して無駄にはしないものだ。クラウゼヴィッツはフリードリヒ大王の弟であるハインリヒ王子の充実した図書館を十分に活用していた。その図書館は、ハインリヒ王子の部隊に所属する将校たちに開放されていた。そしてクラウゼヴィッツは、教育についての実践的な関心も深めていった。こういったクラウゼヴィッツの行動は、彼の部下たちにとってはそれほど深く関心を寄せるようなものではなかったと推測できる。

　クラウゼヴィッツは一八〇一年にゲルト・フォン・シャルンホルスト（Gerd von Scharnhorst）の指令によって新しくできたベルリン士官研究所（のちの陸軍大学）へ通うことになり、ベルリンへ異動となった。これはクラウゼヴィッツにとってはある種の救いのようなものとなった。一九歳のこの時から、クラウゼヴィッツのキャリアは本格的に始まったのだ。シャルンホルストは、ドイツを創設した偉人の一人として敬《した》われるべき人物であり、軍人としてだけでなく、思想家および政治家としても著名だ。シャルンホルストはハノーファー生まれで、砲兵としての訓練を受けており（この二つの特徴によって、プロイセン軍を支配するユンカーの騎兵将校および歩兵将校と区別される）、第一次対仏大同盟戦争において優れた戦果を挙げたことで広く尊敬を集めることになった。シャルンホルストがプロイセン初の士官学校の学長に任命されたのは、きわめて賢明な判断であったと言える。

シャルンホルストは、フランス革命戦争の当初からフランス革命軍が叩き出していた戦果に当惑していた。革命軍は民衆で構成されていて、ろくな訓練も受けておらず、将校は不足していて、将軍はたたき上げの下士官でさえないことも多かった。また、適切な補給体制もなく、ましてや本格的な管理機構を持ってさえいない。こういった驚くべき軍隊が、ヨーロッパ諸国の職業軍人に屈しないのみならず、実際に打ち負かしてさえいたのだ。

たしかにフランス革命軍は、歩兵を柔軟かつ分散させて配置するという新たな編成（これは革命以前にフランス王立軍が発展させていた）をうまく用《もち》いていたし、物資、戦術および砲兵の訓練では、他国に負けることはなかった。しかし彼らの軍事的な勝利には、それ以上の深い理由があった。

シャルンホルストの分析によれば、フランス軍の勝利には、軍隊の背景にある社会に変革が生じたこと、つまり「フランス国民」という考えが生まれたことと密接な関係があった。フランスを敗北させる方法を学ぶには、フランス軍の戦術を研究するのはもちろん必須なのだが、それだけでは十分でなかった。フランスの政治的な状況や、フランス軍の戦術が生まれてきた歴史的背景についても考慮しなければならなかったのである。それゆえ、陸軍大学の講義科目には技術に関する科目だけでなく、当時の自由主義的な思想についての内容も取り入れられた。

さらにシャルンホルストは、議論するための場所として「軍事協会」（the Militärische Gesellschaft）を設けることによって大学の講義を補っている。ここでは、その当時に生じた軍事革命の影響を考えるための議論に対して、何の制約も課されていなかった。

若きクラウゼヴィッツは、このような状況の中で生きていた。クラウゼヴィッツは、すぐにシャルンホルストに深く心酔するようになり、クラウゼヴィッツ独自の考えは、シャルンホルストという太陽の暖かい光の下で芽生えて成長していった。シャルンホルストも聡明で理解力のあるこの若者に対して、同じように親愛の情をもって接していた。ところがこの関係は一八一三年にシャルンホルストが早逝することで終わりを告げ、彼の考えを引き継いだクラウゼヴィッツは、プロイセン軍の改革派の中心的な人物となった。仲間となるグロールマン（Grolman）、ボイエン（Boyen）、グナイゼナウ（Gneisenau）らは、プロイセン軍を新たに作り直すことや、プロイセン国家の再生そのものを目指していた。ところが本格的な改革のチャンスの到来は、まだ先のことであった。クラウゼヴィッツのその後の経歴は輝かしいものになりそうではあったが、それでも当面の見通しは従来の平凡なものであったことには変わりはない。

一八〇三年に首席で陸軍大学を卒業すると、クラウゼヴィッツはアウグスト親王の副官に任じられた。配属されたのはフェルディナント皇太子が名誉連隊長（colonel-in-chief）を務めていた連隊であった。アウグスト親王は、そのフェルディナント皇太子の息子であった。その年の終わりに、クラウゼヴィッツは自らの庇護者《パトロン》であるアウグスト親王の邸宅にて、ブリュール伯爵の娘である少女マリーと出会って恋に落ちた。

マリーは活発で教養があり、ルイーズ女王に気に入られていた。クラウゼヴィッツはマリーにふさわしい相手ではないとブリュール伯爵家が抵抗していたことや、軍務による都合から、クラウゼヴィッツとマリーの結婚は七年後まで遅れた。そのおかげで、長文の往復書簡、しかも情熱的かつ自らの内面を表すような往復書簡が、クラウゼヴィッツとマリーの間でかわされることになった。クラウゼヴィッツはこの書簡の中で、自分の考えの多くを発展させていった。マリーはクラウゼヴィッツとの結婚後、夫の仕事に身をささげ、夫の書記となり、クラウゼヴィッツの死後はその著作の編集者となった。また、クラウゼヴィッツの膨大な草稿の取りまとめを行っており、これが現在まで残されている包括的な著作集となった。この著作集は一八三二年から一八三四年にかけて出版されている。

一八〇三年から一八〇五年の二年間に、クラウゼヴィッツは実に多くの文章を書いて自らの考えを発展させており、それらを二〇年後に執筆を開始する『戦争論』の中で結実させている。

一八〇六年になると、慎重なフリードリヒ・ヴィルヘルム三世は戦争を避けようと最善を尽くしていたにもかかわらず、フランスとの戦争が勃発してしまった。ところが愛国的な若い将校の大半と同じく、クラウゼヴィッツははちきれんばかりの熱意をもってフランスとの戦争を望んでいた。

クラウゼヴィッツの上官であるアウグスト親王は、大隊の指揮を命じられ、クラウゼヴィッツは親王に同行してアウエルシュタットの戦場へ赴いた。そこでクラウゼヴィッツは初めてナポレオン戦争における大規模な戦闘に加わることになり、悲惨な撤退戦を経験することとなった。

この戦闘は、クラウゼヴィッツが少年時代に経験した退屈な行軍《こうぐん》や機動とは驚くほど違っていた。そのため、クラウゼヴィッツにとってはこの二つが同じ「戦争」というカテゴリーに含まれる活動であることを理解するのも困難であったほどだ。結果的にクラウゼヴィッツやアウグスト親王らは孤立してしまい、フランス軍の捕虜となってしまった。

その翌年の「アイラウの戦い」で、シャルンホルストとその同僚のプロイセン将校たちはプロイセン軍の名誉を回復させているが、その一方で、クラウゼヴィッツは王族である自分の上官とともに、不快ではないにしても、苦しい国外生活をフランスで送ることになり、苦悶していた。親王とともにプロイセンへの帰還が許されたのは、一八〇八年の「ティルジットの和約」の後であった。フランスでのこの屈辱的な経験によって、クラウゼヴィッツの愛国的な熱意に火が付いた。そして生涯にわたって、彼は「フランス」と名のつくものは何であれ嫌うようになった。

捕われの身から解放され、クラウゼヴィッツはシャルンホルストと再会した。シャルンホルストは、フランスに占領されている首都ベルリンから離れ、ケーニヒスベルクでプロイセン軍の再建を進めていた。それから四年間にわたって、クラウゼヴィッツはプロイセンの軍事制度の再編を支援すると同時に、自らのテーマである戦争に関して、細かい戦術の話から政治的な忠誠心の問題まで、あらゆることについて執筆した。

クラウゼヴィッツにとって、この「政治的な忠誠心」という問題が解決不能となったのは、一八一二年の春のことであった。クラウゼヴィッツのひどく嫌悪するフランスとプロイセン国王が、同盟関係を結んだからだ。もちろんクラウゼヴィッツはプロイセン国王から与えられた軍服を身にまとっているし、忠誠も誓っていた。だがフランスとプロイセンの同盟は、フランス嫌いのクラウゼヴィッツにとっては耐えがたいことだった。クラウゼヴィッツはおよそ三〇名の将校とともにプロイセン軍の職を辞し、再び妻のもとを離れて、ロシアのアレクサンドル一世に仕えることになった。そしてまさにこの時、フランスとその同盟国の軍隊はロシア帝国へ進攻しようとしていた。

クラウゼヴィッツはロシア語を全く話せなかったが、ロシア軍の参謀たちにさまざまな助言を与える任務についた。クラウゼヴィッツは自身にとって二度目の大きな戦いである「ボロジノの戦い」に参加した。退却するフランス軍がベレジナ川を悲惨な状態で渡るのを目撃しており、その恐るべき状況を書き残している。そして一八一二年の一二月には、当時はナポレオンの指揮下にあったプロイセン軍の指揮官であるヨルク・フォン・ヴァルテンベルク（Yorck von Wartenberg）が、最終的にタウロッゲンにてロシア軍に降伏し、配下の兵とともにロシア軍の側につくという歴史的な決断を行ったのだが、クラウゼヴィッツはその仲介役を務めている。

　ヨルクがケーニヒスベルクにおいてプロイセン住民による反乱軍の中央部隊を結成すると、クラウゼヴィッツは住民の武装化を組織的に行った。一八一三年にプロイセン国王がついにナポレオンを見限ると、クラウゼヴィッツはベルリンに戻ってシャルンホルストと合流した。そしてシャルンホルストがホーエンツォレルン家の配下の人々の熱意と自己犠牲の精神を引き出すことによって新たな軍隊を編成する任務を再び支援することになった。この頃からホーエンツォレルン家の配下の人々は、自分たちのことを「ドイツ人」であると考え始めた。

　一八一三年の戦いが始まったとき、クラウゼヴィッツは部隊を率いて戦場に赴いた。しかし強く望んでいた指揮官という地位はやはり与えられなかった。プロイセン国王は、クラウゼヴィッツが一時的にせよロシア軍で働いたことについて「忠誠心を欠く行動であった」とみなしており、それをまだ許していなかった。プロイセン国王がクラウゼヴィッツに自分に仕えることを認めたのはその翌年になってからであった。そのためライプツィヒの戦いの間、クラウゼヴィッツはプロイセン軍司令官であるブリュッヒャー元帥（Marshal Blücher）に顧問として仕えたのだが、身につけていたのはロシア軍将校の制服であった。

一八一四年にプロイセン軍への復帰がようやく認められたとき、クラウゼヴィッツは「ドイツ軍団」という平凡な名前の部隊の指揮を任されただけであった。この部隊はドイツ北部で任務に就いており、主戦場であるフランスからはだいぶ離れたところに位置していた。

クラウゼヴィッツがプロイセン軍参謀本部での勤務が再び認められたのは一八一五年になってからであり、フォン・ティーレマン将軍（General von Thielmann）の指揮する第三軍団の参謀長に任命された。この部隊はベルギーにおける連合国軍の最左翼に配備されており、二倍の兵力を有するグルーシー元帥（Marshal Grouchy）の部隊に対して頑強に防衛戦を行っていた。その間、ナポレオンはワーテルローにて連合国軍の中央部分を突破しようとしたが、結果的に失敗している。

第三軍団は連合国軍の勝利において、地味ながらもウェリントンやブリュッヒャーの指揮下で戦った部隊に匹敵するほどの貢献はできたわけだが、それでもクラウゼヴィッツは再び裏切られたように感じた。敗退したフランス軍への追撃戦において、クラウゼヴィッツは何の役割も果たすことができなかったからだ。そしてナポレオンが去ってしまった今、戦場での勝利という栄誉を得たいというクラウゼヴィッツの希望を果たす機会は永遠に失われてしまった。

　シャルンホルストはすでに死去していたが、彼が有していた二つの立場、すなわちプロイセン軍の改革派リーダーと、クラウゼヴィッツの重要な支援者という二つの立場は、アウグスト・フォン・グナイゼナウ（August von Gneisenau）に引き継がれていた。グナイゼナウもプロイセン王朝に仕える非プロイセン人であった（グナイゼナウはザクセン地方の生まれであった）。グナイゼナウは西部のプロイセン軍の司令官に任命されており、クラウゼヴィッツはグナイゼナウが指揮する部隊の参謀長となった。

　グナイゼナウが率いる軍団の司令部はマインツにあり、ベルリンのプロイセン王国政府では次のことが話題になっていた。マインツの司令部では、過激主義ではないにせよ、ナショナリズムが盛んであるということ、そしてその司令部には、独自の考えが存在していて危険であるのは間違いないということだ。まずグナイゼナウが、続いて一八一三年にはクラウゼヴィッツがベルリンに呼び戻された。この二人をプロイセン王朝の厳密な監視下に置くためであった。

　クラウゼヴィッツには陸軍大学の学長という地位が与えられた。だが軍事面、ましてや政治的な考えでさえも、クラウゼヴィッツがプロイセン軍将校に影響を与えることのできる機会はごくわずかなものだった。学長としての職務は、純粋な管理業務であった。また就任当初に提示した改革案が拒否されてからは、クラウゼヴィッツ自身は改革案に触れることはなくなった。その後の平穏な一二年間の生活の間に、クラウゼヴィッツはナポレオン戦争や、一八一六年から構想していた戦争についての包括的な研究書である『戦争論』の草稿を執筆していた。

一八三〇年の時点でまだこの草稿は未完成であったが、クラウゼヴィッツはこの年にブレスラウの砲兵部隊の司令官に任命された。その後、パリとポーランドで同時に反乱が起こり、新たな戦争の可能性が高まってくると、かつての上官であるグナイゼナウが指揮するプロイセン軍の参謀長に任じられた。

その後、戦争の危機は過ぎ去ったものの、さらに恐ろしい危険がその後に生じた。東部から広がってきたコレラである。クラウゼヴィッツが最後に与えられた任務は、ドイツにおけるコレラの拡大を阻止するために防疫線を設けることだった。だがこれはクラウゼヴィッツの戦略に対する洞察をもってしても解決できない任務だった。クラウゼヴィッツはブレスラウでコレラに倒れ、一日も経たずに亡くなってしまった。一八三一年一一月一六日、享年五一歳だった。

クラウゼヴィッツ自身は独立した司令官という立場を強く望んでいたものの、それを手に入れることはできなかった。だが同世代の多くの将校たちと同じように、実にさまざまな戦争を体験している。

たとえば一七九二年にクラウゼヴィッツが入隊したのは「フリードリヒ大王の軍隊」であり、均質な職業軍人から構成される小規模なものだった。ところが一八一三年から一八一五年に仕えた（そしてその創設にも大きく関与した）のは、徴兵制による大規模な国民軍であった。この軍隊は各地域からの志願兵や、また〔ナポレオンに対する〕怒りに満ちて自意識に目覚めた国民によって強力に支えられていたものであった。

初期に経験したのは機動戦と包囲戦という一八世紀型の戦争であった。ところが四〇歳になる前には、歴史上で最も大規模な戦争にも参加した。また、ナポレオン軍がヨーロッパからモスクワまで襲撃したもののあてもなく敗走する姿も目撃している。

もちろんこれらはすべて軍事作戦の結果によるものだが、若きクラウゼヴィッツの目に明らかだったのは、軍事作戦の成否の理由を戦場だけに求めてはいけないということであった。軍事分析が後世に残るほどの実用的な価値を持つためには、これまで以上に深いレベルでの分析が必要となったのだ。

知的背景

クラウゼヴィッツ以前の時代であっても、科学的な法則を戦争の遂行に適用しようとする試みは普通に行われていた。たしかに一八世紀は科学的探究によって宇宙の神秘がますます解明されるようになり、慣習や迷信に代わって理性が人間の判断基準となってきた時代であった。ところが戦争の遂行というのはいまなお扱いに困るものであり、無駄も多く、かつ不確実な営みである状態が続いており、これに対する苛立ちが広まっていた。たとえば一八世紀の偉大な将軍であるモーリス・ド・サックス（Prince Maurice of Saxony）は、「あらゆる現象に原理原則はあるが、戦争にはそれがない」と記している。

　戦争に原理原則がないことは、職業軍人の間でも広く憂慮されていた。この理由については後ほど議論するが、とにかく軍人以外の「啓蒙的」な思想家たちは、戦争が野蛮な過去の遺物として生き残っていること自体を嘆いていた。このような意見はヨーロッパ中に広まっていたが、以下の二つの理由により、プロイセンではとくにそれが強かった。

　一つ目の理由が「七年戦争」（一七五六―六三年）である。この戦争ではプロイセンの領土が何度も争いの対象となり、国家と国民のどちらにおいても資源がほぼ枯渇したような状態になっている。この経験によってプロイセンの知識人の間には、第一次世界大戦後のフランスやイギリスで見られたような、戦争に対する大きな嫌悪感が発生したのだ。フリードリヒ大王自身もこの嫌悪感を抑えるための措置を何ら講じていない。大王自身も生涯にわたって数多くの戦争を経験しており、つねに戦争を戦ってきたからだ。

二つ目の理由が、フリードリヒ大王があえて父祖たちの軍事政策へと回帰したことである。これによって王国内の中流階級は、軍の将校など要職に就いたりすることができなくなった。このおかげで、中流階級は富を自由に得ることが可能となった。天然資源の少ないプロイセンでは、ヨーロッパでの地位を維持するために富を大いに必要としていた。

その結果として、プロイセンの中流階級の間では「国王が行う戦争は自分たちには無関係だ」という意識が生じるようになった。そうなると当然のことだが、「国王やその戦争に従事する貴族階級が存在しなければそもそもそういった戦争が起こることはなかった」という考えも生まれやすくなる。「この世界が合理的で人道的な人間によって国家の政策が遂行されてさえいれば、永遠平和を享受できたかもしれない」と主張するプロイセンの識者は、一八七〇年以降には多数出てきた。イマニュエル・カントはそのようなプロイセン人の一人であり、このような見解はイエナでの敗戦まで、プロイセンの大学や知識人集団の間で支配的なものであった。ところがイエナの敗戦という衝撃によって、このような知識人たちの間に政治意識が高まり、ナショナリズムに根ざした新たな運動が始まって、それが後にきわめて重大な結果をもたらすことになった。

もちろん軍事問題を専門に書いてきた人々は、このような見解は共有していなかった。それにもかかわらず「職業軍人による戦争は、技術と節度をもって遂行されるため、ほぼ流血のないものにすることが可能だ」という考え方が広まりつつあった。

　軍事思想家が追い求めていた合理的な原則は、客観的なデータおよび定量化の可能なデータを基礎とするものだった。そういった原則によって、戦争の遂行が自然科学の一分野となり、偶然と不確実性という要素が完全に排除された合理的な行動を教えてくれるかもしれないと期待したのだ。このようなデータは、地形や地理を測定して得られることもあった。補給の必要性と行軍表を勘案して得られることもあったし、補給線と前線、補給線と基地との地理的な関係から得られることもあった。つまり誰もがウェールズ人の傭兵であるヘンリー・ロイド（一七二〇―八三年）の「こういった事柄を理解すれば、誰もが数学的な正確さをもって軍事作戦を開始することができる。また、やむを得ず敵に一撃を加えることすらなく戦争の遂行を継続できるようになる」という言葉を信じていた。

　しかし軍事における科学的な確実性が求められるようになったこの時代は、軍事以外の人間の活動に関心を持つ思想家たちが「科学的な確実性」という考えそのものに疑問を持ちはじめた時代と重なる。ここでいう科学的な確実性とは「客観的な現実は、人間の外部に存在する力や原理によって支配されている」というニュートン的な宇宙観によるものだ。イギリスの哲学者であるバークリーとヒュームの考えによれば、人間は単に観察することで知識を吸収するのではなく、むしろ観察という過程によって知識を創造し、自分自身の意識を通じて世界を形成するとされていたが、このようなバークリーとヒュームの考えはすでにドイツに深く根付いていた。

クラウゼヴィッツと同時代の人間であるカントの哲学には、こういった考えが基礎にあった。ただしこの考えに精通する上で、クラウゼヴィッツはカントの著作を読む必要がなかった（そして、クラウゼヴィッツが実際にカントの作品を読んだという証拠はない）。

また、クラウゼヴィッツはギリシア思想（ヘレニズム）の復興とともに哲学的思考に再び取り入れられたものを吸収しており、このような思考は若い頃のヘーゲルの著作にきわめて強い影響を与えた。その考えとはソクラテス的な二分法であり、これは「イデア」と「イデアを具体的に表現したもの」とを区別する。そして「概念そのものは完全無欠だが到達不可能である」ということと「現実世界でその概念を完全に表すことは不可能である」ということを区別するものだ。

若きクラウゼヴィッツにはこのような考えに接する場が豊富にあった。たとえば一七九〇年代のノイルッピン（Neuruppin）においては、読書によってこの考えに接していただろう。陸軍大学ではカントの弟子であるキーゼヴェッターによるカント哲学の体系的な講義、そしてベルリンでは所属するようになった知識人サークルにおいてこの考えに接していたはずだ。

教育に対する興味から、クラウゼヴィッツは、ペスタロッチのような作家の考えも学んでいた。つまり教育とは知識を与えることではなく、人格を完成させるために知識を使うことであるという考えだ。

美学の理論の研究を通じてクラウゼヴィッツが学んだのは「芸術家が成功するのは、単にすでに知られている一連の規則を学んで適用するからではない」ということだ。むしろ、そういった規則は、偉大な芸術家が実際に成《な》し遂《と》げたことを示すものとしてのみ意味があり、新たな世代による革新や知見によって芸術についての理解が豊かになれば、そういった規則は修正されるべきだという。

すべての芸術、すべての思想（クラウゼヴィッツ自身が述べているように、すべての思想は芸術である）は創造的な活動であり、模倣的な活動ではないし、独創性に欠ける派生的な活動でもない。それと同じことは、とくに戦争の遂行についても当てはまるというのだ。

知的な点では、クラウゼヴィッツはまさに時代の申し子であった。クラウゼヴィッツにとって戦争とは、科学的な法則に支配される活動ではなく、意志の対立、または精神力によって支配される活動であった。彼にとって「戦争に勝利する司令官」とは、戦争というゲームのルールを知っている者ではなく、自分の才能によって戦争のルールを創造する者である。戦争を予測不可能かつ制御不能なものにする「不確実性」や「偶然」などは、取り除くべき障害ではなく、理解して活用すべきチャンスとなる。

時代の状況によっては、たしかに戦争は不合理かつロココ調の様式に従うものもあったかもしれない。だが、戦争の本質はそれとは全く異なるものであった。ナポレオンはこの事実を誰の目にも明らかなものとした。そしてクラウゼヴィッツは、これを説明する任務を自分自身に課したのだ。

軍事的背景

クラウゼヴィッツが少年のときに入隊した軍隊は、フリードリヒ大王が作ったものであった。一八〇六年にフランスによって壊滅させられるまで、大王が作った軍の形を変えるべき理由があると考えた軍事指導者は一人もいなかった。たしかにその軍隊は、一八世紀における儀式的な戦争に完全に適合していた。儀式そのものは、その戦争に使われる軍隊の性質によって決定されていた。これらの軍隊には、とくに二つの特徴があった。

第一に、この時代の軍隊は、戦場において火力を最大限に集中させて発射するための組織だったという点だ。たしかに騎兵はまだ必要不可欠な兵力ではあったものの、そのほとんどがすでに補助的な存在となっていた。歩兵の戦闘の勝利には統制のとれた火力が必要となり、次第に大砲による支援が使われるようになってきたが、大砲は包囲戦での主要な武器でもあることに変わりはなかった。そのため、弾薬をつねに補給する必要があり、たとえ兵士の食料や馬のエサを自給自足できる状態であっても、軍隊は補給線に頼らなければならなかった。

さらに、軍隊は進軍を続けるかぎり現地から十分な物資を徴発することが可能であったが、すこしでも進軍をやめれば、自分たちの物資をとりに戻らなくてはならなくなった。少なくとも将校たちには、自軍の兵士たちを満足に食わせようという気持ちはあまり持っていなかった。また、軍は徴兵された農民もしくは強制的に徴募された「志願兵」で構成されていたことから、兵士が脱走するといった明らかに身勝手な行動をとる可能性も高かった。

それゆえ軍隊が移動できるのは、補給用の馬車からなる巨大な部隊が通行可能な、ごくわずかな数の道路だけに限られていた。そういった道路は、要塞によって守られていることがほとんどであり、あらかじめその要塞を包囲して弱体化させなければ、さらなる進軍は不可能であった。荷物を運ぶ動物用のエサと、騎兵を必要とすることから、軍隊の行動が可能であったのは、〔動物の飼料が入手できる〕五月から一〇月のほぼ半年間に限られていた。

戦闘では、最大の火力を展開する必要から三兵戦術（linear tactics）、すなわち部隊を長く、縦深を薄く配置して、銃を至近距離から連射するという戦術が生まれた。この戦術によって戦闘は残虐な軍事行動へと変化したため、維持費用のかかる常備軍の指揮官は、できる限り戦闘を避けるようになった。したがって、軍事理論家の考える「理想的な軍事作戦」が「機動戦で、なるべく敵の領土で行われ、しかも敵国の地方の資源を使い、敵を徐々に疲弊させるようなもの」となったのは当然なのだ。

この軍事ドクトリンについて、クラウゼヴィッツはその誤りを示そうとした。たとえば初期に出版された彼の著作の一つには、同時代の理論家であるハインリッヒ・フォン・ビューロー（Heinrich von Bülow）への批判を行っているものがある。

ビューローは、『新たな戦争システムの精神』（*Der Geist des neuren Kriegssystem*, 1799）と『純粋および応用戦略』（*Reine und angewandete Strategie*, 1804）という著作において、ある戦略教義について詳しく述べている。その教義の土台となっていたのは、補給システムに必要とされる条件と、その補給システムによって可能となる軍隊の行動であった。実際、ビューローは戦略を「敵味方どちらの砲撃射程も超える軍事行動についての科学」と定義していた。それとは対照的に、戦術は「敵の面前における軍事行動についての科学」であった。つまりビューローは、巧みな戦略によって戦術スキルの必要性が減少し、戦闘そのものが消失するかもしれないと主張している。

クラウゼヴィッツはこのビューローの主張を、不合理なものとして退けている。「戦略は、戦闘なしには存在しない」とクラウゼヴィッツは記している。戦争の目的は、他の創造的な活動すべてと同じように、「あらかじめ定めた目的のために、利用可能な手段を採用すること」

である。それゆえ、クラウゼヴィッツは戦略を「戦争の最終目的のため、個々の戦闘を結びつけて（*Verbindung*）一つの全体にまとめること」と定義した。

クラウゼヴィッツは二五歳のときに、先人たちには忘れられていた、以下のような二つの原則を主張した。一つは、最終的に戦闘へと結びつかなければどんな軍事的な機動も無意味である、というものだ。そしてもう一つは、戦争の究極目的に役立たなければ戦闘は無意味である、というものだ。

政治的背景

いかなる軍事作戦でも、その究極の目的は政治的な問題であるべきだ。戦略に関するクラウゼヴィッツの見解が記録として残されているのは、一八〇四年に書かれたこの主張が最初のものだ。ここでは後の著作に見られるような洗練されたニュアンスとは大きく異なり、直接的かつ単純な形で次のように記載されている。

> 戦争の政治的目的には、二種類のものがありうる。敵を完全に破壊して国家としての存在を消失させるか、または敵に講和条件を提示するか、のいずれかである。

この文章が書かれた時点では、その二年後にナポレオンが激しい軍事作戦によってあとわずかでプロイセンという国家を消失させるところまできていたものの、クラウゼヴィッツ自身はまだ、軍事作戦が持つ激しさを完全に体験していなかった。

　しかしクラウゼヴィッツが生きたこの時点〔一八〇四年〕までの一二年間に、戦争の速度全体は変化しつつあった。最初の変化はフランス革命軍によるものであり、一七九二年から一七九五年にかけて〔オランダなどの〕低地諸国を制圧し、ライン川地方を脅《おびや》かした。

　その次はナポレオンによるイタリアでの電光石火のような二つの戦いであった。一つは一七九六―九七年、もう一つは、一七九九年の戦いである。この二つの戦いの遂行に注ぎ込まれたエネルギーと戦争目的は、過去数十年の戦争における限定的な手段や小さな目標をはるかに上回るものであった。

　前述したように、フランスの軍事的な成功における大きな要因はフランスの政治が大きく変動したことにあると最初に見抜いたのは、クラウゼヴィッツではなく、その師であるシャルンホルストだった。たとえば彼は、すでに一七九七年の時点からフランスが勝利して同盟国が敗北した原因を分析する中で、「フランス革命戦争で同盟国軍が相次いで逆境に遭遇したのは、フランスの国内事情とフランス国民とが深く関係している」と記している。

フランス軍は従来の軍に関する習慣をすべて打破できたのだが、その理由は政治家たちが通常の政治的および経済的な制約をすべて放棄していたからだ。兵力については、練度の高い高価な常備軍に頼るだけではなく、愛国心のある志願兵や、後には実質的に無償で無尽蔵にあるように見える徴募兵を使っていた。フランス軍は自活できる軍隊であり、もし脱走する兵がいても、その代替となる兵は多数存在していた。

　もちろん彼らに三兵戦術を十分に訓練できたわけではなかったため、代わりに用いたのは、小戦闘での無差別な発砲と、密集した縦隊による攻撃の組み合わせだ。そして最初に相手を消耗させ、その後にいかなる場合でも数の点で大きく優勢となる状況を作り出して防御側を制圧した。そして、ナポレオンがこういった多数の献身的な歩兵に組み合わせたのが、増加しつつあった砲兵と、容赦のない追撃を行うよう訓練された騎兵であった。

　この恐ろしい手段によって、ナポレオンはヨーロッパを征服していった。だがそれが可能であったのは、人員と資金を無制限に注ぎ込める政府のみであった。そしてこの政府は、政府の掲げる目的に共鳴し、政府の求める犠牲について、不平を言わずに受け入れた人々によって支えられていた。つまりそこには国民というべきものが存在していたのだ。フランスがやったように、君主制を転覆させて恐怖による大衆的な独裁体制を作り出すこと以外の手段で国民を作ることは可能だったのだろうか。おそらくそれは不可能であり、できたとしてもさらに悪い結果となっていたに違いない。

これは、クラウゼヴィッツが軍人として生きている間につねに頭を悩ませていた問題である。しかもこれは理論的な問題であると同時に、自分にとっての個人的かつ倫理的な問題でもあった。彼が士官学校で理論的な問題として論じていたことが、一八〇六年には恐ろしい現実となったからだ。

イエナでの敗北という悲劇によって明らかとなったのは、プロイセン軍がフランス軍に匹敵する軍隊ではなかったという点だけではない。ホーエンツォレルン朝の統治下にある人々が、イエナでの出来事はすべて自分たちには無関係のこととみなして、プロイセン国王の軍隊が敗北したことについて無関心であったことだ。

フランスで抑留されている間、クラウゼヴィッツはプロイセンの人々が軽蔑に値するほど無気力であることに悩んでいた。たとえばクラウゼヴィッツは婚約者に宛てた手紙の中で、「鞭があれば怠惰な動物を奮起させられただろうし、臆病さと恐怖によって束縛されることに甘んじている鎖を打ち破ることも教えられただろう。ある一つの姿勢をドイツ全土に広めることができれば、ドイツ国民の精神を蝕《むしば》もうとしている疾病を解毒剤のような破壊力でもって取り除くことができる」と記している。

プロイセンの直面していた問題は、ただの軍事問題ではないし、政治改革の問題でもなかった。いかにして精神を復興させるかという問題であったのだ。しかしこの精神の復興は、従来の絶対王政の維持、つまり、あらゆる自由主義的な理想に深い疑いの目を向けている王国の維持とは、はたして両立するのだろうか。

この点について、クラウゼヴィッツは全く疑念を持っていなかった。プロイセン王国に対するクラウゼヴィッツの忠誠心は揺るがなかった。だがこれまで見てきたように、プロイセン王国側は、クラウゼヴィッツや彼と考えを同じくする者に対し、疑いの目を向けていた。

クラウゼヴィッツや彼の同僚たちが期待していた解決策は、プロイセン王国が人々のナショナリスト的な気運によって排除される前に、プロイセン王国自身が先頭に立ってその気運に乗ることだった。そしてこれが達成されたのは、一八一三年から一八一五年までの短い間だけだった。

ところがその後には再び人々とプロイセン王国の意見が分かれるようになり、同国政府はナショナリスト的な気運に対してこれまで以上に抑圧的になった。ドイツにおける政治問題は未解決のまま残り、軍事問題でもこの状態は変わっていない。

フランス革命戦争を「フランスだけの特殊な現象」とみなすことができれば、この問題はそれほど深刻には捉《とら》えられなかったかもしれない。だが当時の一般人は、フランスだけの特殊な現象であるとは決して信じることはできなかった。クラウゼヴィッツもそのような人間の一人だ。

このようにして、戦争（引用者注：クラウゼヴィッツはこの部分を一八二〇年代の終わりにかけて執筆したと思われる）は、あらゆる因習的な制約から解放され、その本来の暴力的な要素を完全に発揮するようになった。その原因は、諸国民がこの国家の大事業へ参加したことにある。また、諸国民が戦争に参加するようになった理由は、半分はフランス革命によって各国の内部に生じた事情にあり、残りの半分は、フランスがもたらし、各国を脅かした危険にある[1]。

さて、このような状況は今後もずっと変わらないのかどうか、ヨーロッパにおける将来のすべての戦争は常に国家の総力を挙げて、すなわち重大な、国民全部を巻きこむような利害を巡ってのみ遂行されるのかどうか、あるいは再び次第に政府の国民からの乖離《かいり》が生ずるのかどうかについては、判断することは困難であり、われわれもあえて断定するつもりはない。しかし、われわれが次のように述べれば、人はこれに同意するであろう。すなわち、ある意味で制限は、何が可能かという限界に気が付かないことにあるので、その制限がいったん取り払われると再建は困難であり、少なくとも重大な利害が問題になる場合にはいつでも、相互の敵対関係は、われわれが今日目にするような姿にまで達する。[2]

つまりクラウゼヴィッツの認識によれば、ナポレオン戦争はおそらく将来の戦争のモデルとなるものであり、そういった戦争を戦う準備のできていない軍隊は、アウステルリッツにおけるオーストリア軍や、イエナにおけるプロイセン軍のように、再び完全に撃破されるというのだ。

さらにクラウゼヴィッツは、そのような戦争で勝利できるようにするために政治的な変革が必要とされるのであれば、自尊心の高い国民はこの政治的な変革という代償を払う覚悟を持たなければならないと指摘している。

---

(1) 日本クラウゼヴィッツ学会訳『戦争論 レクラム版』芙蓉書房出版、二〇〇一年（以下、レクラム版）、三一九頁。

(2) レクラム版、三一九頁、強調は引用者による。

『戦争論』の執筆

一八一八年に陸軍大学の学長を引き受けたときクラウゼヴィッツはまだ三八歳だったが、軍歴はすでに二五年にも及んでおり、その経験は実に多岐多様にわたっていた。また、戦争のあらゆる側面について自ら記した、数多くの草稿を自由に使用することもできた。

クラウゼヴィッツはこれらの草稿をまとめる作業をすでに開始していた。もちろんそれは軍事専門家を読者として想定していたものであり、戦略に関して簡潔にして要を得た見解をその中からいくつか抽出できればよいと考えていた。しかしクラウゼヴィッツは以下のように告白している。

> 最終的には、常に問題を発展させ体系化させようとする私の性格がここに再び頭をもたげた。（中略）著作を続ければ続けるほど、また研究の精髄に没入すればするほど、私はますます体系化を考えるようになり、次々に章が挿入された。私の最終的な意図は、とにかく、初期の論文に根拠を多く加えたり、最近の論文の諸分析を一つの結論に集約したりして、すべてをもう一度検討し、全体を（中略）書物にまとめることであった。[3]

ところがクラウゼヴィッツはこれをまとめることができなかった。その一二年後に陸軍大学を去る際、クラウゼヴィッツは「大戦争の指導に関するこの原稿は、おそらく私の死後に発見されることになろうが、現形のままでは、大戦争の理論を構築するための素材を集積したものにすぎない」と記している[4]。この一二年間で没頭していたのは、原稿の改訂や書き直し、そして新たな素材の収集であって、その中にはナポレオンが行ったほぼすべての作戦に関する独自の研究成果を執筆することも含まれていた。

一八二七年頃、『戦争論』で予定していた全八巻のうちの六巻までの草稿を書き上げたときに、クラウゼヴィッツは全体を貫《つらぬ》く考え、つまり自分の思想のすべてを一つに束《たば》ねるような考えを発見したと思った。ところがその考えは全く新しいアイディアというわけではなかった。すでにおよそ四半世紀前に自身が書いた最初の論文で詳しく論じていたからだ。

その論文でクラウゼヴィッツが強調していたのは、戦争の目的を決定するにあたっては政策が優越するのであり、その結果として戦争は「制限戦争」と「絶対戦争」のどちらにもなる可

---

(3)　レクラム版、一一頁。
(4)　レクラム版、一七頁。強調は引用者による。

能性があるとして、戦争の二面的な性質を説明していたのだ。

この議論を『戦争論』のメインテーマに据えると決意したクラウゼヴィッツは、草稿全体の改訂に再び取りかかり、最初の章だけは満足する形に仕上がった。ところがその改訂を進めている間にも、また別の考えが頭に浮かんだ。それは戦争を「独特な三位一体」(5)とする考えである。その考えによれば、政府の政策指導、軍隊の専門性、そして国民の態度は、すべてが等しく重要な役割を果たすというのだ。

クラウゼヴィッツはアイディアと比喩《ひゆ》を豊富に持っており、正確さを厳格に追求していた。したがって、たとえ『戦争論』の改訂を完成させることができたとしても、それにクラウゼヴィッツが満足した可能性は低い。たとえ長生きできたとしても、クラウゼヴィッツが後世に残せたのは「大戦争の理論を構築するための素材を集積したもの」(6)でしかなかっただろう。それでもクラウゼヴィッツの以下のような主張は納得できるものだ。

> この不完全な物にもかかわらず、偏見のない、真実と論証を渇望する読者は、戦争の多年にわたる考察と真摯な研究の成果を見誤ることなく、またおそらくその中から軍事理論上の革新が生まれ得るような本質を見つけ出すであろう。(7)

以下の章では、このような考えについて詳しく見ていく。

(5) レクラム版、四七頁。
(6) レクラム版、一六頁。
(7) レクラム版、一六頁。

第2章

戦争における理論と実践

クラウゼヴィッツが最初に解決しなければならなかったのは、いったいどうすれば戦争の「理論」を手に入れることができるのか、という問題だった。これは軍人であれば誰もが有している露骨な現実主義に対して、単に異を唱えているだけではなかった。

ここでいう「露骨な現実主義」とは「戦争の理論化は多くが無意味であって、軍事問題は純粋に技術的なものを除き、すべて勇敢さと常識があいまって解決されうるものである」という信念のことだ。実際のところ、クラウゼヴィッツはこういった態度に対してかなり共感を示していた。また後に見ていくように、クラウゼヴィッツの著作には、このような態度をいくらか正当化するための根拠を与えるものがあった。

クラウゼヴィッツにとってさらに重要な問題は、なぜクラウゼヴィッツの時代に提示されていた理論は、過去のあらゆる理論とともに、積極的に誤解させるとまではいわないにしてもやはり不適切なものではなかったのかという点や、気分を暗くさせるような過去にもかかわらず、それでもなお戦争の理論は正しいものとなりえるのか、という点だ。

回想録や物語としての歴史を別にすれば、戦争について書いたことのある識者というのは、大別すると三つのタイプに分かれる。大部分の者は、軍備、補給、訓練および軍隊の配置といった、純粋に実務的な問題を取り扱っている。クラウゼヴィッツの言葉によれば、このような「実務的な問題」の「将軍の技術」に対する関係は「刀鍛冶の腕」の「フェンシングの技術」に対する関係と同じようなものであった。

実際クラウゼヴィッツは、こういった細かい点に限定して集中することを最も避けたいと強く望んでいた。クラウゼヴィッツはプロイセン軍の将官にはこういった点がきわめて多く見受けられることに明らかに気づいていた。

軍事行動に一般的に有効で、武装した軍隊が戦場に赴《おもむ》く前に必要な膨大な量の知識や技能は、戦争において究極の活動目的を達成する段階になると、少数の大綱に要約される。それは、あたかも国土のたくさんの河川が海に注ぐ前に合流して大河になるようなものである。戦争を指導しようとする人は、戦争という大海に直接に注ぐ活動だけを知らなければならない。（中略）以前はまったく別の分野に従事していた人が、戦争において上級の地位で、あるいは将軍としてすら抜群の成果をあげることがしばしばある理由は、それによってのみ説明できる。確かに、卓越した将軍は、博学な将校の出ではなく、大部分の者は博識を身に付けることができない環境にあった[1]。

この「博学」な将校のことを、クラウゼヴィッツは否定的に「学者」（*Gelehrte*）や「空論家」（*Pedanten*）と記しており、彼らには軽蔑《けいべつ》の念しか持っていなかった。このような将校は単調な仕事をこなすだけの人物であって、従属的な立場にとどめられておくべき人々であった。だが問題だったのは、これらの者が有する専門的知識は、実際に軍隊を指揮する技術とは明らかに無関係であり、これが正反対の誤《あやま》りにつながったことだ。

そしてこの誤りというのが、第二のタイプの識者たちに見られる特徴である。このタイプの論者は反律法主義者のようであり、「理論の効用をすべて否定し、戦争指導を人間の先天的な

（1）日本クラウゼヴィッツ学会訳『戦争論 レクラム版』芙蓉書房出版、二〇〇一年（以下、レクラム版）、一三二頁。

機能とみなして、その結果が少しでも良ければ、それがもって生まれた天与の才能によると考えた」(2)のだ。この考えに従えば「戦争の主要原理」(3)は存在しないことになる。つまり、真似することも分析することもできない個人の才能がすべてだというのだ。

　フリードリヒ大王やナポレオンのような者の登場を予想できないのは、シェイクスピアやモーツァルトのような者の登場を予想できないのと同じである。こういった者が世に現れることは、例外的かつ超常的な現象であり、その成功の秘訣を探るのは時間の無駄だ。ちなみにこのような見解を最も顕著《けんちょ》に述べているのはゲオルク・フォン・ベレンホルスト（Georg von Berenhorst）の『戦争という技術についての省察』（*Betrachtungen über die Kriegskunst*, 1797）だ。

　クラウゼヴィッツはこの見解にある程度の共感を示していたが、それでも「誇張されている」と記している。クラウゼヴィッツが批判の言葉を向けていたのは、第三のタイプ（これには多数の流派がある）の識者たちであった。彼らは戦争を科学として研究することや、戦争遂行のための不変の原則を規定することが可能であると実際に信じていた。

　もちろんこれは可能であったかもしれないが、クラウゼヴィッツ自身は攻城戦術といった限られた範囲だけで可能であると考えていた。実際のところ、攻城戦術では定量可能な要素が多い。すなわち火砲の射程距離と破壊力、数学的に計算できる照準線と射角、大きさの決まっている要塞に必要となる補給物資、そして塹壕を掘って完成させるのに要する時間、などといった要素である。

だがこれまで見てきたように、ロイドや彼の後継者たちは、この種の正確性を戦争遂行の全体にまで広げようとした。ところがクラウゼヴィッツによれば、その結果としてロイドらの考えは大きく誤解をまねくものとなったのだ。

このような識者の中で、評価が最も高いわけではないものの極端なのが、ハインリッヒ・フォン・ビューローだろう。ビューローの著作については本書でもすでに触れた通りだ。ビューローは補給という要素が優越するという信念を持っていたため、以下のことを仮定していた。すなわち、作戦が成功する秘訣は、行動中の軍隊について、その片方の端と、もう一方の端から攻撃目標に直線を引き、その二本の直線と攻撃目標の間の角度が少なくとも九〇度となるようにすることにある、ということだ。彼はこの仮定に基づいて、数多くの難解な計算を行っている。

そのような見解をさらに強く唱えたのが、アントワーヌ・ド・ジョミニ（Antoine de Jomini）である。彼はクラウゼヴィッツと同時代の人間であり、さらにクラウゼヴィッツのライバルと

(2) レクラム版、一三三頁。

(3) 清水多吉訳『戦争論』中央公論新社、二〇〇一年（以下、清水訳）、上巻、三七九頁。

なる軍事思想家であった。ジョミニは、分析の深さ、広さ、そして著作の読みやすさから、ドイツ以外の国において、一九世紀末までに最も影響力のある識者となっていた。

ジョミニの信じるところによれば、ナポレオンとフリードリヒ大王の成功には、その基礎に共通の公式があった。その公式は「戦場の決定的地点に対して自軍の大部分を次々に投入すること、そして自軍の補給線を混乱させることなく、敵の補給線に対して可能な限り自軍を仕向けること」であると要約できるだろう。この目的は、ジョミニの（および彼以降の誰もが）言う「内線」(interior lines) を支配することによって最も達成しやすいものだ。

ところがクラウゼヴィッツはそのような公式の妥当性を否定していた。それが過度に単純化されているからではなく、クラウゼヴィッツが戦争の本質としていたものをうまく捉《とら》えていなかったからだ。

> これらの理論は、特定の量を求めようと努力しているが、戦争においてはすべてが不定であり、計算は、変数だけをもってなされなければならない。あらゆる軍事行動は、知的な力とその作用によって貫かれているのに対して、これらの理論では、物質的な量だけに考察が向けられている。戦争は彼我両者の相互作用であるにもかかわらず、これらの理論は、一面的な活動だけを考察している[4]。

クラウゼヴィッツによれば、こういった相互に関連する要素（すべての情報が不確実であること、精神力が重要であること、そしてこの両者に力点を置きながらも敵の反応は予想不可能であるとすること）を考慮に入れない理論は、いかなる価値も持つことはできないものであった。

不確実性という要素が生じるのは、主に敵の意図と反応を正確に判断するのが不可能であるからだ。とくにその判断が難しくなるのは、敵の軍事行動を決定する圧倒的な政治的動機が存在しない場合だ。そうなると、せめて可能なのは確率を考えることくらいであり、またそれを行うにあたって良い判断が下せたとしても、そこには幸運という要素がかなり入っていることになる。すると最も優れた将軍であっても、それは自分の判断を信じるという大胆さを持った「成功したギャンブラー」だったということにすぎない。危機の際には、たとえ理論がいくらあったとしても、それらが将軍に何をすべきかを教えてはくれないのだ。

クラウゼヴィッツの見解では、精神力の重要性はまさにここにあった。「このあいまいさが一方にあれば、他方では勇気や自信によってこの間隙が埋め合わされなければならない[5]」。し

（4）レクラム版、一一七頁。

かし他にもはるかに根本的な理由が別にあり、これについては理論家のすべてが無視していた。それはすなわち「戦争は危険である」という事実だ。戦争は危険であるがゆえに、それに参加したことがなければ戦争がどのようなものかを想像できないのだ。

クラウゼヴィッツがよく知られた一節の中で控《ひか》えめに述べているように、戦争では「思考の光（中略）はいつもとは異なる屈折をする」ものだ(6)。戦争は不確実性と確率の領域に属するものだが、それよりもむしろ苦難、混乱、疲労および恐怖の領域に属するものであろう。こういった要素が組み合わされて、クラウゼヴィッツが摩擦《まさつ》と呼んだ要素が生み出される。軍事行動が生じるのは、すべてこの摩擦という環境下においてなのだ(7)。

> 戦争においては、すべてが大変に単純であるが、もっとも単純なことが困難なのである。（中略）計画の際に考慮に入れることのできない無数の小さな事情の影響によって、所定の目標のはるか手前までしか達しない。（中略）軍事機構（中略）は、基本的にはきわめて単純であり、したがって、簡単に取り扱うことができるように見える。しかし、その機構のどの部分でも単一の部品でできているものではなく、すべては個々の人間で構成され、個々の人間はあらゆる方向から別々な摩擦を受けていることを考慮する必要がある。（中略）大隊は、常に多数の人間の集合体であろうとするが、何か偶然が突発すると、そのう

ちの最下級の兵までが大隊の機能を停止させたり、あるいは不規則にするなどの害悪をもたらし得る。[8]

物事には悪い方向へ進むという傾向がもともと存在している。これはすべての軍隊で広く知られ、恐れられており、イギリス軍では「マーフィーの法則」として知られている。この傾向は気候のように外的な要素かつ制御の難しい要素によって成り立っている。

霧は、敵を所望の時までに発見して適時に砲を発射することや、報告が適時に司令官に届くことを妨害する。雨が降れば、ある大隊は所定の時刻に到着できない。他の大隊は、三時間の行進行程のところがおそらく八時間かかるために適時に到着できない。騎兵は、ひどい低地で動きがとれなくなり有効に襲撃できないなどの現象が生ずる。[9]

---

(5) レクラム版、四二頁。
(6) レクラム版、九三頁。
(7) レクラム版、九七—一〇一頁。
(8) レクラム版、九八頁。
(9) レクラム版、九九頁。

要するに、

> 戦争における行動は、重たい媒体《ばいたい》のなかでの運動のようなものである。もっとも自然でまたもっとも単純な運動、例えば単なる歩行でも、水中では軽やかにかつ正確に行うことはできない。同様に、戦争においては、普通の力では中程度の成果を挙げることさえ困難である[10]。

クラウゼヴィッツによれば、この摩擦こそが「現実の戦争と計画上の戦争との相違」を生み出しているのである[11]。つまりこの摩擦の重要性を理解することが、いかなる理論家にとっても議論の出発点でなければならない。

戦場にいる将軍にとって、敵がどこにいてどれほどの力を持っていて、さらには何をするつもりであるのかを正確に把握《はあく》できることはまれである。ましてや自分の軍隊の位置や状況すらわからないことさえもある。疲労していたり、空腹を感じたり、そして身体的にも恐怖を感じていなかったとしても、非常に不安な状況であることのほうが多い。配下の将校や兵士にとってはなおさらだ。

こういった状況下で重要になってくるのは、参謀将校による論理的な計算ではない。「精神力」という、計算できないが必須となる要素なのだ。結局のところ、すべての軍事行動が対象とするのは精神力のほうであって、物理的な力ではない。「戦争全体は人間の弱点を前提とし、この弱点に目をつける」[12]。

また、クラウゼヴィッツはこのようにも表現している。「闘争は、知的・身体的諸力の適合されたものであるが、主として後者によって遂行される」[13]。「物理的な現象は槍の木製の柄に過ぎないのに対して、精神的な現象こそ真の金属の本来の武器に相当する」[14]。

だからこそ『戦争論』を構成する八編のうち、最初の一編の大半では「精神力」という問題が扱われている。つまり「指揮官の精神力」、「軍隊の精神力」、そして（不十分な考察ではあるが）「国民の精神力」という問題だ。クラウゼヴィッツは「国民の精神力」の重要性については十分に認識しており、自《みずか》らの軍人生活の間に実に多くの議論を書き残している。

---

(10) レクラム版、一〇〇頁。
(11) レクラム版、九八頁。
(12) 清水訳、上巻、三七八頁。
(13) レクラム版、一〇六頁。
(14) レクラム版、一九四頁。

クラウゼヴィッツは『戦争論』でもこの問題を無視していない。軍の専門性と国民の支持との関係や、志願兵に対して合理的に期待できることとできないことは何であるかといった問題を取り上げているからだ。しかし実際に軍事作戦を遂行するにあたって最も重要な要因となるのが、将軍の才能とその指揮下にある軍隊の質であるのは確実であった。クラウゼヴィッツはまさにこの点について最も広範囲に論じている。

指揮官の資質について、クラウゼヴィッツは「軍事的天才」と題する章で論じている[15]。この言葉は当時多く用いられ、しかも乱用されていたものだ。クラウゼヴィッツはこの言葉にまとわりついていた虚像を剝《は》ぎ取ろうとしていた。クラウゼヴィッツにとって「天才」とは、超常的、または天与のものではなく、単に「ある種の行動を遂行するためのきわめて高度な精神力」のことであった[16]。

そして「軍事的天才」は、どの分野においても天才がそうであるように、「精神力の調和ある統一体である。この場合、ある種の精神力が特別に優れているとしても、それが他のいかなる精神力の働きをも妨《さまた》げてはならない」という点に本質があった[17]。

こういった要素には、高度な知性（クラウゼヴィッツの主張では、先進的な文明国のみが真に優れた兵士を生み出すことができる）と、身体的および精神的勇気の双方が含まれるという。ところがそこにはこれらの要素から派生した二つの資質があり、この二つをクラウゼヴィッツはとくに強調していた。

一つ目の資質は、直観的なものだ。この資質はフランス語で「クゥ・ドゥイユ」(coup d'œil)と名付けられた。これは「戦場の霧」の中で、何が起こっているか、そして何がなされるべきかを認識できる、ほぼ直観的な能力のことだ。

クゥ・ドゥイユは、本質的な要素を見抜く才能である。この才能を持った指揮官は、能力の劣る指揮官の決断を麻痺《まひ》させるような複雑な過程の可能性と確率についての計算を行わずに、ほぼ考えることなく正しい道を選ぶことができるという。

そして二つ目の資質は、いったん決断を下したら、それに忠実であるという能力、つまり「決意」であるという。指揮官というのは自分の決断が間違っていたのかもしれないと疑いを持つような情報にさらされるものだ。具体例として挙げると、情報が矛盾する、さらにひどい場合は情報が全くない、部下が疑念を持っている、配下の将兵の疲弊《ひへい》が増大する、自らの精神力が酷使されたために低下する、などといったことである。

---

(15) レクラム版、第一編第三章。
(16) レクラム版、六六頁。
(17) レクラム版、六七頁。

部隊が意欲的かつ軽快な気分で戦っている限り、指揮官が目的追求のために大きな意志力を示す機会はほとんどない。しかし、状況が困難になると、すなわち特別なことを成《な》し遂《と》げようとすれば、状況は必ず困難になり、物事はもはや潤滑油のよくきいた機械のように放置しておいても進歩するということはない。むしろ、機械自身が抵抗し始め、この抵抗を克服するために指揮官の大きな意志力が必要になる。（中略）個々の兵士の力が次第に衰《おとろ》え、自己の意志力によってもはや活気づけらず、耐えられなくなると、全軍の慣性は、次第に将軍の意志の上に重くのしかかってくる。(18)

「決意」という性質は、単に頑固《がんこ》であるのとは違う。決意とは知的な洞察力に根差したものであり、知性と精神的な勇敢さが、まれな形で混ざり合うことでできあがったものだ。クラウゼヴィッツは洞察力や正確さをもって以下のような問題を包括的に論じている。それは「決意」「決意の固さ」「頑固さ」、そして「精神的な強さ」の間の関係という問題だ。さらに、「個性《キャラクター》」と「知性」という対立した要素同士の関係という問題も論じており、これは過去だけでなく現在でも教育分野で多く議論されている。クラウゼヴィッツのこれらに関する議論には、軍事的な文脈をはるかに超える、本質的な価値が含まれている。

軍隊で要求される精神的な資質について、クラウゼヴィッツは例えば「軍の武徳《ぶとく》」と題する章で論じている。[19] クラウゼヴィッツはこの章で、職業軍人からなる軍隊を鼓舞《こぶ》する「気質」と、国民軍を鼓舞する「資質」（勇敢さ、順応性、体力および熱意）とを区別している。

> したがって、同一個人のうちには軍人性ばかりでなく市民性も同居していることを慎重に考えたとしても、また戦争を国民的なものだとしても、（中略）そのことは決して戦争事業遂行の特殊性を否定することにはならないだろうし、そして、もしそのことを否定することにはならないとすれば、その戦争事業を推進する人々は、推進する限りにおいて、優れて戦争の精神に貫かれた秩序、法律、習慣をもつ一種の団体を形成するものであると考えねばならないだろう。[20]

愛国心から戦うのではなく、一八世紀の軍隊のように専門家としての純粋な誇りから戦う職

(18) レクラム版、七五頁。
(19) レクラム版、第三編第五章。
(20) 清水訳、上巻、二六四頁。

業軍人の集団というのは、つねにあらゆる軍隊の中核に存在するものだ。そういった職業軍人の美徳について、クラウゼヴィッツは率直な称賛とともに次のように記している。

どんなに破壊的な砲火の中でも平生の秩序を守り通し、架空の恐怖に脅《おびや》かされることなく、現実の恐怖に対しても一歩一歩戦いを進め、勝利に誇りを感じ、敗北のさなかにあっても指揮官に対する尊敬と信頼を失わず、闘技者の筋肉のごとく窮乏労苦《きゅうぼうろうく》に鍛えられてその肉体的な力を鞏固《きょうこ》にし（中略）唯一の簡潔な考えに、つまり自分の武器の名誉に導かれて、これら一切の義務や徳を守る軍隊――そういう軍隊は見事に軍事精神に貫《つらぬ》かれていると言える(21)。

クラウゼヴィッツによれば、この軍事精神の「あらゆる軍事的部門に対する関係は、最高司令官の天才の軍事的部門全体に対する関係に等しい」という(22)。将軍は全般的な指図を与えることしかできないのであり「彼が部門を指揮できないところでは、軍事精神がその指導者にならねばならない」のだ(23)。そして、もしこの軍事精神が、どのような理由であるにせよ、明確に存在しないのであれば、他の手段、たとえば将軍の優れた能力、または国民の「武徳」で補《おぎな》われなければならない。

軍事精神を作り出せるのは、度重《たびかさ》なる戦争や、非常に厳しい訓練によってのみである。またこれらを作り出せたとしても、それが生み出す外観によって欺《あざむ》かれることもある。クラウゼヴィッツはこれを、一八〇六年にプロイセン軍に降りかかった運命を目の当たりにして痛感している。

> 傷だらけになって鍛錬《たんれん》を積んだ軍隊の広汎《こうはん》で高貴な団体精神と、勤務規律や演習規則で固められたにすぎぬ常備軍の自負や虚栄とを比較すべきではない――ある程度の厳格さと厳しい勤務秩序は軍隊の武徳を永く維持することはできるだろうが、これを生み出すことはない（中略）そういう軍隊は、偉大な最高司令官に指導されなかったら、自力では何事もできはしない[24]。

したがって精神的な要因は、戦争において帰趨《きすう》を最終的に決定する要因となる。この要因の

(21) 清水訳、上巻、二六五頁。
(22) 清水訳、上巻、二六六頁。
(23) 清水訳、上巻、二六六頁。
(24) 清水訳、上巻、二六八―二六九頁。

価値を重視していない理論は、それがどのようなものであっても妥当なものとはならない。

　だが精神的な要因は、物理的な要因（兵站、兵器の能力、地誌、戦術のように、過去のほとんどの軍事思想家が集中して考えていた通常の問題である）と、いったいどのように相互作用するのだろうか。実際のところ、このような目に見えない資質について、どのように理論化できるのだろうか。

　クラウゼヴィッツの指摘によれば、これは軍事の分野だけでなく、多くの分野にも共通する問題であり、とくに芸術の世界に当てはまるという。

　この分野では、まさに軍事の場合と同じように「物質的なものと無形のものとの間の相互作用」という問題を見出すことができる。画家、彫刻家、もしくは建築家たちは、素材という物質を使いながら、無形で定量化できない精神を表現するものだ。素材という物質のおかげで、その表現が何らかの制約を受ける場合もある。だが少なくとも達人の手にかかれば、どんな物質を使っても表現が左右されることはなくなる。

　美学の理論家たちは、平凡な人間であれば従うべきであり、そして天才たちが乗り越えてきたルールを作ってきたわけではない。それとは対照的に、理論家たちが行ってきたのは、天才たちの行為の研究や分析、そしてある程度の妥当性をもった説明であった。実際のところ、そのようなルールを作り出してきたのは、天才や名人たちの活動のほうなのだ。

戦争もこれと同じだ。クラウゼヴィッツによれば、戦争遂行の仕方を学べるのは、過去に行われた戦争を学び、かつそこから学びとることによってのみである。つまり、理論上の戦争ではなく、現実の戦争を研究することだという。本物の包括的な戦争の理論は、こうすることによってはじめて発展させることが可能になる。

こうすれば達人たち（絵画や建築でも同じだ）が何を成し遂げたのかを理解できるようになるだけでなく、達人たちの業績がいかに創造的なものであり、またどのように他人の模倣《もほう》とは違うものとなったのか、そしてその業績は唯一のものでありながら、後世の人間が利用できる表現の範囲をどのように広げてくれたのかを評価できるようになるのだ。

つまりこれは戦争の歴史を研究することを意味していた。なぜなら「戦争術においては、経験があらゆる哲学的真理よりも価値が高いから」である[25]。そして戦争の歴史を研究することは、それ自体が批判的な判断力を訓練することでもある。歴史家に無限の信頼を置くことはできないからだ。

実際クラウゼヴィッツは、歴史の大半はほぼ無用であると言ってもいいほどに信頼を置くことができないと警告している。古代または中世から伝わっているものは、それが純然《じゅんぜん》たる神

(25)　レクラム版、一六四頁。

話ではないと判断されているものでも、その大半は不完全かつ不正確であって価値がないものであった。クラウゼヴィッツが研究のために用《もち》いようとした資料は、完全かつ正確な知識を入手できる戦役についてだけであった。そのため、クラウゼヴィッツの研究は過去二百年の間にヨーロッパで行われた戦争、しかも大部分が西ヨーロッパで行われたものだけに限定された。

　歴史的なデータは、それぞれ異なる三つのプロセスを経なければならない。第一は、歴史のリサーチそのものである。つまり噂《うわさ》、仮説、作り話などと事実を区別することであり、物事が実際に起こったままに記録された信頼できる史料を確定することだ。これはクラウゼヴィッツと同時代を生きた若きレオポルト・フォン・ランケが述べたように、「あるがままに」（*wie es eigentlich gewesen*）を示す史料を確定する作業である。このおかげで、本物の軍事史の研究者たちはきわめて困難な問題に直面せざるを得ないこともある。しかし彼らにとってこの問題の解決は、つねに優先すべき任務でなければならない。

　第二が、原因と結果とを関連づけるという複雑なプロセスだ。何が起こったのかを説明してから、次になぜそれが起こったのかの説明に進むのである。そうしてからようやく、批判的な判断力を適用し、当時の司令官が用いた手段を評価し、およびその手段の成否を評価することが可能になるからだ。ただしそういった評価が実際に可能となるのは、あらかじめ何らかの理論、つまり一定の状況下において司令官がとるべき最も適切な手段はどのようなものであったのかについて、あらかじめ考えを発展させている場合だけである。

理論を構築し、その理論を適用するのは、実際のところ、連続的かつ相互的な活動である。歴史的知識によって理論が作られる。そして、理論によって歴史的な評価が照らし出される。しかし、クラウゼヴィッツの主張では「批判が理論を機械的に適用するようになると、批判の目的は達成されず、まったく誤った結論がもたらされるであろう（中略）批判は、理論のこのような成果を法則や規範《きはん》として使用してはならず、これらは指揮官に判断のための手掛かりとして役立つにすぎない」のである[26]。

もし批評家が理論の適用に慎重でなければならなかったのであれば、軍人も同様である。兵士は、理論家がすべての問題の答えを提供したり「戦争計画を固有の真理の体系から一掃《いっそう》」することを期待できない[27]。クラウゼヴィッツも認めているように、高次な戦争指導のレベルでは、理論はごく限られた形での助けを与えてくれるだけだ。不確実性はきわめて大きく、可能性の幅はきわめて広く、考慮に入れるべき要因はきわめて多様になる。

だからこそ、このような場合には偉大な司令官の「クゥ・ドゥイユ」が必要とされてくるの

(26)　レクラム版、一五一頁。
(27)　レクラム版、一七二頁。

であり、これによって司令官は現状を分析し、独自の解決策を自力で見出《みいだ》すことが可能となる。そもそも歴史の先例が信頼できる指針になる可能性は低いのであり、司令官は独自に先例を生み出す必要がある。

ところが指揮権の階層が下がってくるにつれて、考慮すべき要素の範囲は限定的となり、不測の事態や予測できない事態が発生する余地は少なくなってくる。下位の戦術レベルになると、特定の状況に対処するために特定の手順を規定したり、マニュアルを作成して演習を行うことがようやく可能となる。そうなると、従順だが創造力に乏《とぼ》しい部下であっても、それに厳格に従えば成功する可能性はきわめて高くなる。

このような手順の規定などは、いずれにしても必須となる。というのも、戦争指導の下位のレベルにおいて、判断力とクゥ・ドゥイユに完全な信頼を置くことができるような将校を十分に見つけられる可能性は、実際のところごくわずかだからだ。ほとんどの下位の将校は、何をすべきかが正確に指示されなければならない。そしてそのほとんどの将校が、現実に直面する可能性が高いと考えられる限られた状況において、自分の持っている限られた範囲の指揮権の中で標準的な対応を即座に行わなければならない。

実際のところ、軍人の大部分に理論を浸透させる唯一の方法は演習だ。戦場では、思考の代わりに演習の経験が必須となってきたのだ。

しかしクラウゼヴィッツの主張によれば、戦争指導の最上位のレベルにおいてでさえ、理論家は重要な貢献ができるという。ただしそれは理論家が自らの限界について認識していれば、という条件つきだ。理論家の役割は、指揮官の判断力を養成することであって、指揮官に何をすべきか命じることではない。少なくとも理論は、指揮官が自分の考えを整理する際の助けとなるべきものだ。

すべての人が新たに問題を整理したり、解明したりする必要はなく、問題が整理され、かつ明快な状態にされていることが、理論の役割である。理論は、戦争における将来の指揮官の精神を養成したり、あるいはむしろ指揮官の自学研鑽《けんさん》を援助すべきものであって、戦場において彼を導くべきものではない[28]。

この部分に、クラウゼヴィッツが初期に研究していた教育理論の影響が見える。この頃にクラウゼヴィッツが学んだのは、賢明な教師とは、教育それ自体を目的とするのではなく、目的に対する手段と捉え、生徒が自分の可能性を最大限に発揮できるようにするものである、とい

(28)　レクラム版、一二六―一二七頁。

うことだ。

もちろん理論家は、研究の結果として指針となるべきものが得られた場合、それを指針として定めることがあるかもしれない。ただしクラウゼヴィッツ自身は、理論家がそうする、あるいはそうすべきであるかについて何ら断定していない。クラウゼヴィッツ自身も「戦争の主要原理」[29]を何も定めていないからだ。ただし、いかなる原則や役割であってもそれが十分に理解されない限りは全く無価値なものとなる。

指揮官が原則に従わなければならないのは、自分がそのように判断したからであり、他人の判断結果だからではないし、それが客観的な科学的「法則」のようなものだからでもない。実際のところ、理論が「知識の客観的な形態から能力の主観的な形態」[30]になると、それに従って理論の有効性が向上することもわかるとクラウゼヴィッツは主張している。つまり「それを知っている」という「*wissen*」（何かについて知る）問題ではなく、「どのようにするかを知っている」という「*könmen*」（できる）かどうかという問題であった。

ではこれは戦争は科学《サイエンス》・学問というよりも術《アート》であるということなのだろうか。クラウゼヴィッツはこの問題について何も疑問は持っておらず、たとえば「目的が純粋に知識であるもの、例えば数学、天文学をすべて学問と呼ぶのが適切である」と断言している[31]。

しかし、この二分法は誤解を招くものだ。なぜならすべての術《アート》は、何らかの科学的な知識の適用を伴《ともな》うものだからだ。またすべての科学は、判断力の活用を伴う。このことが意味するのは、芸術、そしてまた戦争も、こういった二分法のような区分には全くなじまないということだ。だからこそクラウゼヴィッツは、戦争は社会的活動であって、人間の社会的存在の一部分であると主張するのだ。

戦争は、流血をもって解決しなければならないほどの重大な利害関係の衝突であり、戦争がその他の利害の衝突と異なるのはまさにここにある。そして、何か他の術で戦争と比較できるものは、やはり人間の利害と活動の衝突である商取引である。また、戦争に非常に近いのは、一種の大規模な商取引と見なすことのできる政治である[32]。

だからこそ戦争についての理論は、それがどのようなものであっても、社会および政治についての理論の一部として存在するものであり、政治という文脈において考慮されなければなら

(29)　清水訳、上巻、三七九頁。
(30)　レクラム版、一二六頁。
(31)　レクラム版、一三八頁。
(32)　レクラム版、一三九頁。

ない。なぜなら政治とは「戦争がその中で育まれる母胎《ぼたい》である。人間の特性が胎児のうちに潜在しているように、戦争の形態も政治のうちに既に示唆《しさ》されている」からだ[33]。

クラウゼヴィッツが政治と戦争の関係をどのように説明しているかについては、次の章で詳しく検討していきたい。ここでは、クラウゼヴィッツによる要約を引用して本章を終わらせるのが適切であろう。この要約は、理論家が実際の戦争遂行に貢献できるものと信じていたことをまとめたものだ。

> 理論が、戦争を構成する対象を研究し、一目みただけでは融合しているように見える対象をより鋭く弁別《べんべつ》し、手段の特性を完全に明示し、生起の可能性のある手段の効用を示し、目的の本質を明確に規定し、戦争の分野のいたる所に常続的に批判的考察の光を当てるならば、既に理論の任務の重要な部分は達成されたことになる。そうなれば、理論は、書物によって戦争を学ぼうとする人々のよき案内者となるであろう。理論は、戦争を学ぼうとする人々のために、いたる所で道に光を照らし、彼らの歩みを容易にし、判断力を養い、迷路に陥《おちい》ることを防止する[34]。

それでも理論は、実際クラウゼヴィッツに何をすべきかを明らかにしてくれたことは一度もなかった。

---

(33) レクラム版、一三九―一四〇頁。
(34) レクラム版、一二六頁。

第3章
戦争における目的と手段

これまで述べてきたように、クラウゼヴィッツは戦争の理論化そのものは有用であると認めていた。ただしそれは、理論家が自《みずか》らの限界を認識していて、しかも「定量化できない精神的な要素」を「定量化できる物理的な要素」と同じくらい重要なものであると考慮していれば、という条件つきであった。

実際のところ、こういった要素の相互作用、つまり「精神的な要素」と「物理的な要素」の相互作用は、クラウゼヴィッツの理論研究の土台にあった。クラウゼヴィッツにとって戦争とは、これらの要素の間で絶え間なく続く弁証法のようなものであり、しかもそれぞれの要素が互いに浸透し、かつ互いに影響を与えるというのだ。

対立しながらも相互的に関連している要素間で生じる弁証法というモデルは、クラウゼヴィッツだけでなく、彼と同時代の多くのドイツの思想家たちを明らかに魅了していた。これはクラウゼヴィッツの物理的な力と精神的な力の関係の扱い方を見ればよくわかる。本書でも触れてきた歴史的な知識と批判的な判断の関係もその一例だ。

また、クラウゼヴィッツの生きていた時代によく知られていたことだが、「イデア」（理念）とその現実世界への現れ方の関係、そして「絶対戦争」と「現実の戦争」の関係についても同じことがいえる。攻撃と防御の弁証法も同じだ。

一番重要なのは、目的と手段の関係だ。ここでクラウゼヴィッツの想定していたものは、ヘーゲル的な意味での弁証法ではなかった。というのも、この弁証法では「アンチテーゼ」（反定立）が何であったかを想起させる「ジンテーゼ」（総合）へ到達することがなかったからである。それはむしろ対立する極同士の相互作用が継続するものであり、それぞれの極は他方の極から見ることによってのみ理解できるものであった。

さらには精神的な力と物理的な力との間の弁証法的な関係を正しく認識できないと戦争の本質（the nature of war）は理解はできないとされていた。そして目的と手段の関係、とりわけ戦争の政治目的と、その政治目的を達成するために用《もち》いられる軍事的手段との関係を理解できなければ、戦争を遂行するための実用的な理論を持つことはできないのである。

クラウゼヴィッツが次のような有名な結論に達したのは晩年になってからだ。つまり「戦争は他の手段をもってする国家政策の継続に他ならない」(1)、そしてさらに明確にいえば、戦争は「他の手段を交えた政治的交渉の継続である」(2)という結論である。

だが本書ではすでに一八〇四年から一八〇五年におけるクラウゼヴィッツの最初期の著作に含まれる戦争の政治目的に関する記述を紹介しており、そこでは彼がとくに独創的なことや議論の的《まと》となるようなことを述べているような様子は全く見せていない。おそらくこのような考え方は、当時のシャルンホルストを中心とする集団の中ではありふれたものだったのだろう。これと同じ時期に、クラウゼヴィッツは二つのタイプの戦争という、同じようにありふれた理論を唱えている。それはつまり「敵の撃滅を目的とする戦争」と「無条件講和を余儀なくさせる戦争」の二つだ(3)。

クラウゼヴィッツがさらに重要性を強調していたのは戦争そのものだけではなく、特定の目的を達成する手段としての戦争における作戦の重要性も強調していた。そして作戦は、手段と

(1) 日本クラウゼヴィッツ学会訳『戦争論　レクラム版』芙蓉書房出版、二〇〇一年（以下、レクラム版）、一四頁、強調は引用者による。
(2) レクラム版、三三八頁、強調は引用者による。
(3) レクラム版、一四頁。

しての効率性という観点から評価されるべきものとしていた。

クラウゼヴィッツがビューローを批判した主な理由はここにある。ビューローは、敵の領域内または領域外での行軍《こうぐん》という観点から、戦略と戦術を定義している。だが、クラウゼヴィッツの主張によれば、このビューローの定義は本質から外れているため、「もっとも道理に反する」のだ。

クラウゼヴィッツによれば、あらゆる術《アート》の唯一最大の狙いは「可能な手段（*Mittel*）をあらかじめ定められた目的（*Zweck*）のために用いること」にある。

クラウゼヴィッツ自身の戦略と戦術の定義は、以下のようにきわめて明快なものだ。「戦術とは、戦闘における戦闘力の使用に関する規範《きはん》であり、戦略とは、戦争目的を達成するための戦闘の使用に関する規範である」[4]。

この「手段」（*Mittel*）と「目的」（*Zweck*）の二重性は、クラウゼヴィッツの著作全体を貫《つらぬ》くものだ。ところがクラウゼヴィッツは、これに関してさらなる区分を行っている。すなわち戦争の最終目的と、そこにいたるまでの途中段階という区分である。後者の途中段階とは、下級指揮官の目的（*Ziele*）である。しかし同時に、戦略家が自分の最終目的（*Zweck*）を達成するために用いる手段でもある。

いかなる軍事的勝利も、それを単独で評価することはできない。なぜならば、軍事的勝利そのものは、戦略家が有する計画全体における一つの段階にすぎないからだ。下位の集団に割り当てられた諸目的、すなわち橋や要塞の攻略、ある地方の占領、敵軍の撃破といった目的は、将軍が高次の目的を達成するための手段でしかない。そしてそれをさらに突き詰めると、将軍が達成すべき高次の目的は全く軍事的なものではなく、あくまで政治的なものであり、「直接講和をもたらすことを目的としている」ことがわかる[5]。

政治家からの要求により、戦略家が達成すべき目的は、広汎《こうはん》なものになる可能性がある。しかしクラウゼヴィッツによれば、それを達成する手段はたった一つしかない。「戦闘」である。ビューローが誤《あやま》っているのはこの点であった。指揮官が自由に使える道具、すなわち指揮官が創造的な力を発揮するための物理的要素は、軍隊そのものではなく、ましてや軍隊を動かすことでもない。軍隊が行う戦闘という活動なのだ。

クラウゼヴィッツは以下のように指摘している。「兵士は徴募《ちょうぼ》され、被服《ひふく》を支給され、武装され、訓練される。兵士は眠り、食べ、飲み、また行軍する。これはすべて、適所で適時に戦闘するためにほかならない」[6]。兵士には、戦闘以外に他の目的はない。これまで軍事思

(4)　レクラム版、一〇八頁。
(5)　レクラム版、一二九頁。

想家の考えを支配してきたのが部隊の維持と補給のための仕組みづくりであったが、このような仕組みが存在するのは、要するに戦闘を可能にするためであった。言われてみるとまさにその通りなのだが、これは戦略理論家の多くが忘れがちなことであり、現在においてもいまだにその傾向が見受けられる。

この戦闘という活動を表すために、クラウゼヴィッツは「争い」（*der Kampf*）という単語を使うこともあった。ところがやや混乱させるようなことではあるが、「戦闘」（*das Gefecht*）という単語を使うことも多かった。この戦闘（*das Gefecht*）という言葉が問題だったのは、場合によっては二つの異なる事柄を表すことがあるという点にある。

たしかにこの言葉は、戦闘活動全般を意味するものとして使用できる。ところが同時に、時間や範囲の限定された特定の種類の戦闘を示すものとしても使用できる。これについて、イギリス流の軍事用語では中立的な「交戦」（engagement）という言葉を使うのが普通だ。アメリカ英語では原語の持つあいまいさがそのまま表現された「戦闘」（combat）という言葉に翻訳できるため、イギリス英語よりもさらに正確となる。そこには一般の戦闘活動と特定の戦闘活動の、いずれの意味も含まれることになるからだ。

しかしこのあいまいさは、本書の目的にとっては、混乱を招くものとなる。そして「交戦」という単語によって非常にうまく表現されているのは、明確かつ明瞭な力の対立だ。通常、クラウゼヴィッツはこの単語を使って力の対立を表現する。この対立は、一個人が対立しているイメージを示すことによって、その言葉の範囲を限定しており、交戦が行われる原因となった問題が解決すること、すなわち交戦の目的（*Ziel*）が達成、または放棄されることによって、その時間的な面も限定している。

こういった交戦について、クラウゼヴィッツは戦略を構築するための構成要素、そして戦争全体を作り上げる基礎的な要素であるとみなしていた。交戦は目的でもあり、かつ手段でもある。交戦が目的であるというのは、軍隊を集めて維持し、かつ戦場に展開させるのは、まさに交戦のためだからだ。交戦は手段であるというのは、交戦の結果が、さらなる目的を達成するための出発点となるからだ。

これこそが、戦術と戦略の真の関係である。戦術は交戦、つまり交戦の計画と実行に関することだ。その一方で戦略は、こういった交戦をうまく調整して戦争の目的を達成することだ。「戦術における手段は、戦闘を遂行するために訓練された戦闘力である。その目的は、勝利である」とクラウゼヴィッツは記している。[7] 戦略家にとって、交戦は手段であり、「直接講和をもたらすことを目的」としているのだ。[8]

（6）レクラム版、五八頁。

それゆえ、最もあざやかな勝利でも、それ自体が政治目的を達成するための手段となっていない場合は何の価値もないことになる。その政治目的が、敵の国家を完全に崩壊させることであっても、または政策上必要とされる講和条件を相手に受諾させることのいずれであっても同じだ。

だからこそ最高次のレベルでは、戦略と政治的手腕はほとんど区別できなくなる。また、戦略家の成果は、最終的には軍事的な観点ではなく、政治的な観点から評価されなければならない。ところが戦略家の業績を評価する基準は、他の術《アート》と変わらない。つまり、自分が望む目的を達成するために使える手段をどれだけ効果的に利用したか、という基準だ。これについてクラウゼヴィッツは、「行おうとする戦争を、彼の目的と手段に正確に適合させることを知っており、無駄なことをせず、必要なことができる君主や将軍がいたら、それは彼の天才を証明するのに充分である」と記している[9]。このような基準を用いることで、クラウゼヴィッツはタイプの大きく異なる達人たち、すなわちナポレオンとフリードリヒ大王の双方を称賛できるようになったのである。

ナポレオンの目的は無限であったため、自分が使える手段を制限せずに徹底して適用することによってのみ、その追求は可能となった。ナポレオンが持っていた政治的な目的は非難されるべきものだったかもしれないが、その目的を達成する手段については非難できない。

フリードリヒ大王は、一七四一年のシュレジエン征服で得た成果を維持するという限定された目的を持っていた。これに関する大王の軍事的成果は卓越したものであった。それは進軍や作戦の手際が優れていたからではなく、一つの主要な目的を限られた資源で追求したからであり、「この戦力にふさわしくないことを企てず、目標の達成にちょうど必要なだけのことをした」からだ。[10]「彼のいかなる戦争指導にも、均衡《きんこう》を保った抑制力が働いていることを見ることができる。しかし、この抑制は、決して活力を失ったものではなく、事態が急を要する時には驚くほどに高揚《こうよう》し、その次の瞬間にはもっとも微妙な政治的活動にも対応できるように、再び平静に返ることができた」のである。[11]

フリードリヒ大王とナポレオンの例が示しているのは、戦争は政治家と軍事指導者としての才能が一身に備わっていて、かつ世論を気にしなくてもいい状態にある君主によって行われるのが理想的であるということだ。

---

(7)　レクラム版、一二八頁。
(8)　レクラム版、一二九頁。
(9)　レクラム版、一八五頁。
(10)　レクラム版、一八七頁。
(11)　レクラム版、一八八頁。

ところが大抵このような願いは明らかに高望みである。さらに戦争指導というのは、すでにクラウゼヴィッツが生きていた当時のプロイセンでもそうであったように、とても扱いにくいプロセスとなる可能性が高かった。ところが事態がどのようになろうとも、クラウゼヴィッツの主張によれば、最終的な決定権を持たなければならないのはやはり政治家であった。もちろん政治家に誤りがないというわけではない。それでも、

> 政治家が特定の戦争手段や方法に対して誤った、それらの本質に適合しない効果を要求する場合だけは、政治的な決定が戦争に有害な影響を及ぼすことがある。たとえば、外国語にまだ習熟していないものが、自分の考えを正しく伝えることができないように、政治家もしばしばみずからの意図に反することを指示することがある[12]。

これが生じるのを防ぐためには、次の二つのことが政治家に求められる。それは、軍事政策一般について十分に理解することと、軍事司令官といつも協議できる状況にあることだ。

クラウゼヴィッツによれば、これが達成されやすいのは以下の二つの方法による。第一に、「最高司令官を内閣の一員に加える以外はない。それによって、内閣は、彼のもっとも重要な決定に関与することができる」ということだ[13]。

Book review

勁草書房

JUNE 2021

https://www.keisoshobo.co.jp

6月の重版

社会科学系のための「優秀論文」作成術

プロの学術論文から卒論まで

川﨑 剛

「論文ってどう書けばいいんだ？」と一度でも悩んだことのある、社会科学の学徒たちへ。他人に差をつけるノウハウ、教えます。

A5 判並製 196 頁　定価 2090 円
ISBN978-4-326-00034-0　1 版 11 刷

思考力改善ドリル

批判的思考から科学的思考へ

植原 亮

クイズ感覚で問題を解いてクリティカル・シンキングの力を養い、科学リテラシーがぐんぐん身につく！　考える力を磨くための27章。

A5 判並製 216 頁　定価 2200 円
ISBN978-4-326-10285-3　1 版 7 刷

消費者心理学

山田一成・池内裕美 編著

商品選択から買い物依存症まで、最新の研究成果を満載。消費社会における人間の心と行動を科学的に解説した待望の新テキスト。

A5 判並製 240 頁　定価 2970 円
ISBN978-4-326-25128-5　1 版 6 刷

軍事理論の教科書

戦争のダイナミクスを学ぶ

ヤン・オングストローム
J・J・ワイデン 著
北川敬三 監訳

戦争の本質とは何か？　陸海空軍の特徴とは？　軍人が従う「戦いの原則」とは？　軍事リテラシーを身に付けるのに最良の一冊が登場！

A5 判並製 320 頁　定価 3300 円
ISBN978-4-326-30296-3　1 版 3 刷

民法〔財産法〕講義

長坂 純

2020年4月1日に施行された改正債権

ネット炎上の研究

誰があおり、どう対処するのか

田中辰雄・山口真一 著

炎上はなぜ生じるのだろうか。炎上

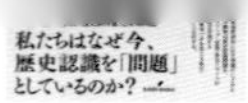

A5 判上製 276 頁　定価 5500 円
ISBN978-4-326-30303-8

突いた論文集。
A5 判上製 480 頁　定価 5500 円
ISBN978-4-326-40393-6

法とジャーナリズム〈第 4 版〉

山田健太

「表現の自由」が先鋭的に問われる今、ジャーナリズムと法という2つの重要観点から議論を整理し見通すための定番書、第4版刊行！

A5 判並製 448 頁　定価 3300 円
ISBN978-4-326-40394-3

図でわかる経営マネジメント

事例で読み解く 12 の視点

雨宮寛二

最新の内容を盛り込んだ成功事例を基に、コア事業を持続させていく過程にて必要不可欠な経営マネジメントを図表で理解する入門書。

A5 判並製 240 頁　定価 2970 円
ISBN978-4-326-50483-1

ロスト欲望社会

消費社会の倫理と文化はどこへ向かうのか

橋本 努 編著

「ロスト欲望」時代の消費文化は、どのような駆動因により動くのか。歴史を整理する枠組みを提示、衰退期日本の今後を展望。

A5 判上製 276 頁　定価 3520 円
ISBN978-4-326-60338-1

移民をどう考えるか

グローバルに学ぶ入門書

カリド・コーザー 著
是川 夕 監訳　平井和也 訳

基本的データから最新の研究、そして将来像まで、世界標準の考え方をコンパクトに凝縮した画期的イントロダクション！

四六判上製 192 頁　定価 2970 円
ISBN978-4-326-65429-1

第二に、プロイセンが一八一三年から一八一五年に行ったように、戦場で内閣を組織することである。『戦争論』の第二版が一八五三年に出版された際に、第二版の編集者は「最高司令官が内閣の協議に参加し、重要な場の決定に参加できるようにするため」と解釈されるように文章を修正した〔マイケル・ハワードとピーター・パレットによる『戦争論』の英訳（*On War*, Princeton, 1976）の六〇八頁、注一を参照〕。

もちろん、この修正はクラウゼヴィッツの真意を故意にゆがめるものであると解釈する学者もいる。意思決定の場における軍隊の発言権について、もともとクラウゼヴィッツが意図していた以上のものを最高司令官に与えることになるためだ。しかしこれは、文章の一節を明確にしようとして生じた誤りであるとみなすことも可能だ。この一節がややあいまいであるとするのも妥当《だとう》だと考えられるからだ。

戦争の性質は、政策の性質によって決定される。その結果、政治状況によって戦略が形成されることになる。クラウゼヴィッツはこれがどのように生じるか、あるいは、自分の理論に従えばそれがどのように生じるべきなのかを以下のように説明している。「この場合、理論とし

(12) レクラム版、三三三―三三四頁。
(13) レクラム版、三四四頁。

ては、戦争の当事者間の主要な関係に注目すべきであるとしか言い得ない。この主要な関係によって、すべてがこの点から発するような一つの重心、すなわち力と運動の中心が形成される。したがって、戦争においては、あらゆる力をもって敵の重心を打撃しなければならない」[14]。クラウゼヴィッツはこのような「重心」の例を三つ挙げている。敵の軍隊、敵国の首都、そして敵と同盟を結んでいる国の軍隊（これが該当するのは敵が強国との間で同盟を結んでいる場合）である。これらはすべて攻撃に対して脆弱《ぜいじゃく》であるため、「敵戦闘力の撃破は、もっとも確実な方法の端緒《たんしょ》であり、いかなる場合においても作戦の重要な段階である」ことになる[15]。

　しかしながらこの「敵戦闘力の撃破」という目的の修正、または目的達成の延期が、政治的考慮によって余儀《よぎ》なくされる可能性も出てくる。そのような場合、クラウゼヴィッツは「単なる武力による威嚇《いかく》や外交交渉の代替《だいたい》となる戦争でさえも含まれる」ことを認めていた[16]。これはつまり「制限戦争」というドクトリンを考慮しなければならないような状況のことだ。

　しかし、クラウゼヴィッツはこのようなタイプの作戦を満足のいくものではないとみなしていることを明確にしていた。クラウゼヴィッツが示唆《しさ》していた理想的な戦略とは、敵の重心を特定して、そこに対して持てる力をすべて振り向けることである。そしてその重心が敵軍であればさらに良いということだった。

敵がそれによって均衡を失った場合、均衡を回復する時間の余裕を与えてはならない。攻撃は、常に重心に対して、言いかえると勝者は敵の一部ではなくて全体に対して攻撃を指向しなければならない。また、戦力が優勢にもかかわらず、安易な気持ちで敵の一地方を攻略し、このわずかな成果に満足してもっと大きな戦果を逃すようなことがあってはならない。そうではなくて、常に敵戦力の中核を捜《さが》し求め、戦争における全体的な勝利を得るために全力を投入することによって初めて、実際に敵を打倒することができる[17]。

この戦略的なドクトリンは、恐ろしいほど平凡であると批判できる。ただしわれわれは、戦略的な目的を達成するために軍事以外の手段を用いることを考えていなかったクラウゼヴィッツを非難すべきではないのかもしれない。たとえば軍事以外の手段には、敵の同盟国を中立化させるために軍事力を使うよりも外交を用いることや、世論に働きかけるためにプロパガンダや破壊活動を活用するものもある。

---

(14)　レクラム版、三二二頁。
(15)　レクラム版、三二三頁。
(16)　レクラム版、三二七頁。
(17)　レクラム版、三二三頁。

だがクラウゼヴィッツは、そういった手法は政治家の行うことであって、軍の指揮官の行うことではない、と答えただろう。しかし、クラウゼヴィッツが列挙している「重心」のリストには、敵が戦争を継続するためにそもそも必要とされる経済力というものが含まれていない。これは確実に批判の対象となる。ほぼ過去二百年にわたって、イギリス、スペイン、オランダおよびフランスの間で続いていた戦争の主な目的は、結局のところ経済をめぐるものであり、この戦争は海という次元で行われていた。クラウゼヴィッツは軍事史に関心を持っていたにもかかわらず、海についてはわずかな関心さえ示していない。

しかしながら、クラウゼヴィッツの戦略的なドクトリンについて公平かつ包括的に要約するのは容易ではない。というのも、その提示の仕方が腹立たしくなるほど首尾一貫していないからだ。

戦略的なドクトリンに関連する主要な文章は、『戦争論』全体にわたってほぼ無作為に散らばっている。これはクラウゼヴィッツ自身の悲観的な予言を完全に裏付けている。すなわち読者が『戦争論』に見出《みいだ》すのは「大戦争の理論を構築するための素材を集積したもの」でしかないだろうという予言だ。[18]

たとえば「戦略一般」と題するセクション〔第三編「戦略一般」〕は、明らかに共通するテーマがない多様なトピックを一つの編として取りまとめたものでしかない。

一般の読者が『戦争論』を読めば、戦略全般に対するクラウゼヴィッツの興味はわずかなものでしかなかったと感じても不思議ではない。これはクラウゼヴィッツが、戦略家の主要な道具とみなしていた交戦、とりわけ大規模な戦闘について、ほぼ偏執的《へんしつてき》とも言えるほどの関心を示していたのとは対照的だ。たしかにこの戦闘というトピックには、『戦争論』の一編すべてが費《つい》やされている。その部分は、『戦争論』全体の中で最も熱心に書かれており、最もよく整理されているといえる。

クラウゼヴィッツによる戦略的なドクトリンの全体像を把握《はあく》するためには、よく引用されるきわめて冷笑的な次の言葉から始めてもいいだろう。「最良の戦略は、常に強大な戦力を保有することであり、まず一般的な優勢を獲得し、それが不可能な場合でも決定的な地点における優勢を獲得しなければならない」[19]。

この議論は、意外に巧妙なものである。クラウゼヴィッツの指摘によれば、力で優っているとつねに戦闘に勝利する最大のチャンスが与えられることになる。そして敵よりもこちらの司令官の技量、軍隊の練度、および兵士の士気が上回っているのが好ましいのは明らかだ。とこ

(18)　レクラム版、一六頁。
(19)　レクラム版、二〇九頁。

ろがこのような要素は、必ずしも自分でコントロールできるわけではない。

最も望ましいのは、双方の力を対等なものとして想定することだ。対等ではないにしても、峠の防御といった特別な状況を除けば、数の劣勢を戦術面の技量や高い士気で補《おぎな》うことのできる範囲には限度がある。遅かれ早かれ数が物を言うようになる。だからこそ司令官が戦闘に参加させる軍隊が大きければ、それだけ指揮下の部隊が個々の戦闘で勝利する確率は高くなるのだ。

数の点で優勢になるのが不可能であれば、クラウゼヴィッツによると「通常将軍に残されている方法は、絶対的な優勢に達しない場合でも、巧妙な運用によって、決定的な地点における比較的な優勢を獲得することだけ」である[20]。

このような場合にこそ、戦略家の才能が必要となる。すなわち、決定的な地点を見分ける「クゥ・ドゥイユ」と、主要ではない前線から軍隊を移動させ、かつ重要性の低い目的を無視することで可能な力すべてを決定的な地点に集中させる「決意」という才能である。ナポレオンが成功した秘訣はまさにこれだったのだが、この秘訣を見抜くのにクラウゼヴィッツのような才能は必要ではなかった。なぜならすでに見たように、ジョミニは著書の中で同じ点を述べていて、それをさらに詳しく説明しているからだ。

しかし彼はクラウゼヴィッツから「緊要な時機と場所に数的優位をもたらすという決まり文

句を戦争術の奥義《おうぎ》であると考えたのは、現実の世界における道理をまったく無視した過度の単純化である」[21]という冷淡なコメントを受けてしまっている。

一見したところ、ジョミニ自身が提示した法則は、クラウゼヴィッツの「最良の戦略は、常に強大な戦力を保有することであり、まず一般的な優勢を獲得し、それが不可能な場合でも決定的な地点における優勢を獲得しなければならない」[22]という法則とそれほど大きく異なっているようには見えない。ところがジョミニはその「決定的な地点」がどこに存在し、またそれがどのようなものなのかという分析に多くの章を費やした。

その一方で、クラウゼヴィッツはその最大の問題は精神力にあると考えていた。それは司令官の能力、つまり自らの決断とは正反対の方向へ誘うような状況があるにもかかわらず、自らの決断を維持して自軍を決定的な地点に集中させられるかどうかが最大の問題だと考えていたのだ。

戦略に関するクラウゼヴィッツの議論を（歪《ゆが》めたとまでは言えないとしても）実際に支配し

(20)　レクラム版、二〇三頁。
(21)　レクラム版、二一五頁。
(22)　レクラム版、二〇九頁。

ていたのは、一八世紀に流布《るふ》していた以下のような考えが誤りであることを示したいという欲望であった。つまり「戦略を巧《たく》みに組み合わせれば、戦術上の対決が不要にできる」というものや、「戦略家が目的を達成する手段としては激しい戦闘以外の選択肢もある」という考えだ。

> 特別な技巧を用いて敵戦闘力を直接に壊滅することなく、間接的に一層大きな壊滅を与える可能性、あるいは小規模ながら特別巧妙に仕組まれた襲撃を通じて、そういう方法がはるかに近道だと感じさせるほど徹底的な敵戦闘力の麻痺や敵の意志の転換をもたらす可能性、こうした可能性を考察する極めて繊細な思想に対していかなる処置を講じたらいいのか。むろん、各地点の戦争には価値の多寡《たか》があるし、戦略においても各戦闘を巧みに配分しなければならない。いや、戦略とはまさしくこうした技術にほかならないとも言える。われわれはそのことを否定するつもりはないが、しかし敵戦闘力の直接的壊滅こそがいかなる場合にも重きをなすことは、声を大にして主張したい。われわれがここで壊滅原理について主張したのはまさしくこの圧倒的な重要性のためにほかならない[23]。

他の戦略家たち、たとえばジョミニやイギリスのエドワード・ブルース・ハムレイ（一八二四―九三年）などは、著作すべてを費やしてこのテーマについて論じているのだが、クラウゼヴィッツは以上の文章の中で「戦略においても各戦闘を巧みに配分」とさりげなく言及し、また「戦略とはまさしくこうした技術〔術《アート》〕にほかならない」と認めているだけだ。

　しかしクラウゼヴィッツのこの主張を解釈するにあたっては、『戦争論』の別の箇所にある文章もあわせて考慮しなければならない。『戦争論』の編集者たちは、この文章が未完であると考えていたものの、クラウゼヴィッツの戦略思想にとってはきわめて重要なものであると理解していたからだ。たとえばクラウゼヴィッツは「可能的な戦闘は、その結果からして現実的なものと見なされるべきである」[24]という冗長《じょうちょう》な見出しの箇所の「各戦闘を巧みに配分」という表現を使ってさらに詳しく説明している。クラウゼヴィッツがそこで指摘していたのは戦闘の目的は、その戦闘が実際に行われなかったとしても達成することができるということだ。

> 逃走《とうそう》する敵の退路を封鎖するために一隊が派遣され、その結果敵が戦わずして降伏した場合でも、降伏を決定したものはこの派遣隊が挑《いど》んだ戦闘にほかならない。わが軍の一部が敵の無防備の一地方を占領し、（中略）わが軍がそれを占領し続け得るのは、敵の奪回《だっかい》に

---

(23)　清水多吉訳『戦争論』中央公論新社、二〇〇一年（以下、清水訳）、上巻、三三二頁。

(24)　清水訳、上巻、二五四頁。

備えて派遣されたわが軍の一部があらかじめ戦闘の構えを示しているからにほかならない。いずれの場合にも、戦闘の単なる可能性がある結果を惹《ひ》き起し、そのことによって現実的なものとなり得るのである。[25]

さらに、道路、橋、補給所、街、もしくは地方全体などを占拠して、自らが敵軍に対して有利な位置を占めるためには、いくつかの予備的な戦闘が必要になるかもしれないのだ。こういった占拠は、「常に、敵に対し圧倒的な優位を占め、敵の戦闘を不可能にするような状態のもとで、こちらが戦闘を挑むための単なる手段と見なされなければならない」とクラウゼヴィッツは述べている。[26]

これはまさにクラウゼヴィッツが否定したいと強く望んでいたこと、すなわち巧みな作戦行動を通じた無血の勝利の可能性そのものを提示しているように見える。ところが無血の勝利が可能となりえるのは、戦略家が血を流すことに備えている場合のみである。すなわち、いかなるコストをかけてでも、敵との闘いを実際に行い、敵との戦闘に勝利する意思がある場合だけだ。

クラウゼヴィッツが『戦争論』における別の箇所でも記しているように、「すべての行動は、根底になっている武力による決戦が実際に行われる場合、この決戦が有利であることを前提と

郵便はがき

112-0005

東京都文京区
水道二丁目一番一号

勁草書房
愛読者カード係行

恐縮ですが
切手をお貼
りください

(弊社へのご意見・ご要望などお知らせください)

・本カードをお送りいただいた方に「総合図書目録」をお送りいたします。
・HP を開いております。ご利用ください。http://www.keisoshobo.co.jp
・裏面の「書籍注文書」を弊社刊行図書のご注文にご利用ください。ご指定の書店様
至急お送り致します。書店様から入荷のご連絡を差し上げますので、連絡先(ご住所
お電話番号)を明記してください。
・代金引換えの宅配便でお届けする方法もございます。代金は現品と引換えにお支
いください。送料は全国一律100円(ただし書籍代金の合計額(税込)が1,000
以上で無料)になります。別途手数料が一回のご注文につき一律200円かかりま
(2013年7月改訂)。

愛読者カード

35182-4　C1031

本書名　クラウゼヴィッツ

お名前《ふりがな》　（　　　歳）

ご職業

ご住所　〒　　　お電話（　　　）　　－

本書を何でお知りになりましたか

書店店頭（　　　　　書店）／新聞広告（　　　　　新聞）

目録、書評、チラシ、HP、その他（　　　　　）

本書についてご意見・ご感想をお聞かせください。なお、一部を HP をはじめ広告媒体に掲載させていただくことがございます。ご了承ください。

◇書籍注文書◇

最寄りご指定書店

市　　町（区）

書店

（書名）　¥　（　　）部

（書名）　¥　（　　）部

（書名）　¥　（　　）部

（書名）　¥　（　　）部

ご記入いただいた個人情報につきましては、弊社からお客様へのご案内以外には使用いたしません。詳しくは弊社 HP のプライバシーポリシーをご覧ください。

して実施される」ものだ(27)。

さらにクラウゼヴィッツは以下の例えを使用したことによって、マルクスとエンゲルスの想像力を刺激することになった。それは、「武力による決戦は、手形取引に代わる現金取引のようなものである。戦争におけるすべての大小の作戦が、いかにこの関係から縁遠《えんどお》くとも、いかにまれにしか行われなくても、この取引における決済は、必ず行われる」という例えだ(28)。

それと同じ形で、クラウゼヴィッツは作戦行動とその組み合わせがどれほど巧みであっても、また進軍がどれほど巧みに計画されたものであっても、最終的にはすべての将軍が戦いを行うことができる立場にない限り、そして戦いに勝利できる態勢《たいせい》になければ、ほとんど値打ちがないと主張している。したがってそのような「現金決済」で生じたことは、「現金決済」へと至る計算や動きよりも重要だということになる。

クラウゼヴィッツは、このようなあらゆる「決済」は「物質力と精神力を競う流血を伴《ともな》った破壊的活動である。最後の決戦で二つの力を多く残した方が勝者である」と記している(29)。いか

(25)　清水訳、上巻、二五四頁。
(26)　清水訳、上巻、二五五頁、強調は引用者による。
(27)　レクラム版、六一頁。
(28)　レクラム版、六一頁。

なる戦略の成功にもこのような活動が決定的に重要だ。これがクラウゼヴィッツが『戦争論』の一編をこのことにすべて費やして議論した理由であった。

戦闘の目的について、クラウゼヴィッツはきわめて明快であった。それはすなわち「敵軍の破壊」（*Vernichtung*）である。もちろんすでに述べたような他の目的、つまり領土、資源、または輸送手段の支配を狙うこともあるだろう。そうすることによって、こちらからの戦いの申し出を敵が拒絶せざるを得なくなるような状態にするのだ。

だが最も重要性が低くて付随的な戦闘においてさえ、実際に重要なのは敵軍の撃破であった。敵軍の撃破は、戦略家の最終目的の達成に役立つものであるというだけではない。撃破それ自体が、その最終目的に本質的に備わった部分であったからだ。再びビジネス上の取引の例えを用いていえば、敵軍の撃破というのは、戦争が終わった時点で貸借対照表《たいしゃくたいしょうひょう》に計上される唯一のものであった。

さらに詳細な分析の中で、クラウゼヴィッツは自分が提示する主張の陰鬱《いんうつ》さを、多少は緩和させるようなことも行っていた。たとえば「敵戦闘力の壊滅」については「味方の戦闘力以上に敵の戦闘力を弱体化することである」というさらに正確な定義を行っている[30]。クラウゼヴィッツは、再びビジネス上の取引の例えを使って、次のように表現している。

相互的な破壊過程の後で直接に得られるようなものだけが目的と見なされることになる。なぜなら、この利得は絶対的なもので全戦役《ぜんせんえき》に共通し、全戦役の終結時に常に純粋な利得として計上されるものだからである。(31)

しかしクラウゼヴィッツが強調していたのは、敵の撃破で重要となるのは物理的な撃破ではなく、精神的な撃破、すなわち敵の抵抗能力を打ち砕くことであり、「敵の兵士を殺害するよりもむしろ敵の勇気を挫《くじ》く」ことであった。(32)敵の士気を挫くことではじめて均衡が傾くのであり、そこから自軍がこうむっている以上の大きな損失を敵側に与えることが可能となるのだ。戦闘中の主な損失は死傷者であり、自軍および敵のどちらも損失をこうむるのが普通である。戦闘後における損失は、敵に鹵獲《ろかく》された兵器と捕虜である。だからこそ「大砲と捕虜がいつでも勝利の獲物と見なされているし、同時に、勝利の規模がそこにはっきりと現れるがゆえに、それが勝利の尺度と見なされ」るのだ。(33)この事実は、大小の規模にかかわらず、あらゆる戦闘

(29) 清水訳、上巻、三三八頁。
(30) 清水訳、上巻、三三五頁。
(31) 清水訳、上巻、三三五―三三六頁。
(32) 清水訳、上巻、三八一頁。

に当てはまるものだが、主要な戦闘で敵のこうむった損失が大きければ、それに比例して敵の士気に与える影響も大きくなるのは自明のことだった。

実際のところ敵軍の主力を撃破するのが戦略家の目的であったならば、それがクラウゼヴィッツが言うように単に「もっとも確実な方法の端緒《たんしょ》」[34]とすること、あるいは「直接講和をもたらす」[35]ことのいずれかが目的であるとしても、敵の撃破を達成しやすいのは、兵力を集中した一つの大きな戦いという場であった。クラウゼヴィッツはこのような戦いのことを、ドイツ語で「*die Schlacht*」（戦い）という陰惨《いんさん》な名前を付けて明確に区別した。この「*die Schlacht*」という言葉には、「大虐殺」という意味もある。

「*Schlacht*」（戦い）と、その結果として敗れた敵軍の追撃について、クラウゼヴィッツは『戦争論』の中で五章連続で取り上げている。クラウゼヴィッツが説明しているように、このような決戦では、個々の戦闘のすべてが一体となって、最高司令官自身による直接の指揮下で戦いが行われるのだ。これは時間的にも空間的にも集中した戦いであり、物事を破壊しうる力を持った太陽光を一点にすべて集める凸レンズのようなものであった。

また、他の付随的な戦闘とは異なり、決戦はその先にある目的に到達するための手段ではなかった。決戦それ自体が最終目的であり、決戦そのものが目標だったのだ。

このような戦闘について、クラウゼヴィッツは冷静かつ公平な分析の筆致《ひっち》を放棄して、『戦争論』の他の個所では見出すことのできない情熱的な態度で説明している。その理由は理解できるものだ。なぜなら「*Schlacht*」（戦い）はナポレオン戦争の最大の特徴であり、クラウゼヴィッツ自身も少なくともそのうちの三つに関与していたからだ。イエナにおける破局、ボロディノにおける惨《むご》たらしい引き分け、そしてラ・ベル・アリアンス（イギリス人にはワーテルローとして知られている）における激しい戦いの末の勝利である。

ナポレオン戦争の「*Schlacht*」（戦い）はきわめて激しいものであり、ナポレオン戦争以前に正式な教育を受けた戦略家たち（ナポレオン戦争後に新たな教育を受けた戦略家も同様である）は、決して十分には理解できないような戦争であった。クラウゼヴィッツはこの戦いを深く理解しようと固い決意を持っていた。

そのためのクラウゼヴィッツによる文章の多くが自伝的であるのは明らかだ。そのことは、敗北の始まりに気づいた司令官に関する以下の記述にも表れている。

(33)　清水訳、上巻、三三九頁。
(34)　清水訳、上巻、三二三頁。
(35)　レクラム版、一二九頁。

自軍の全砲台が失われ、敵の砲台は一つも失われていない場合、自軍の大隊が敵の騎兵に撃破されながら、敵の大隊は至るところで圧倒的な大軍を形成している場合、自軍の砲兵線の退却を余儀なくされる場合、一地点の征服のために無駄な努力が費やされ、自軍が前進する度《たび》ごとに見事な霰弾《さんだん》射撃に会ってけちらされる場合、負傷者とともに多くの無傷者が退《しりぞ》いたために、銃火の下にある大隊が異常に速く潰滅《かいめつ》する場合、作戦計画が破壊されたために軍隊の一部が分断され捕えられた場合、退却に危険が伴い始める場合、こうした一切の場合のうちに最高司令官は会戦の方向を見定めねばならない[36]。

クラウゼヴィッツは、以下のことに注意するよう呼びかけている点できわめて良心的であると言える。つまり「*Schlacht*」（戦い）は戦争や作戦において決定的な要因であるものの、それが「必要な唯一の決戦とは考えない。大会戦が全戦役の勝敗を決定するという機会は近代になって漸《ようや》く多くなってはきたが、それでもそれが全戦争の勝敗を決定する場合は極く稀《ま》れな例外に属する」と注意している点だ[37]。

それでもその力点は「*Schlacht*」（戦い）に置かれており、これに多くの紙幅《しふく》が費やされ、記述には感情が込められている。

これらすべてによって示唆されるのは、クラウゼヴィッツが「*Schlacht*」（戦い）のような決戦で頂点に達する作戦について、そうでない作戦よりも道義的に上位のものとみなしており、流血の伴わない勝利は去勢された男のものでしかないと考えていたということだ。

つまり「流血なしに勝利を博《はく》した最高司令官などというものはいない。流血の会戦が恐ろしい舞台だとしても、そのことは戦争の価値を一層高める理由になるだけである。人間性に則《のっと》って己れの剣を段々に鈍くし、鋭い剣をもった相手がやってきて自分の両腕を切り取るがままにしてよいわけはなかろう」というのだ[38]。

クラウゼヴィッツによる議論の枠組み全体の中で考えれば、またクラウゼヴィッツ自身の戦略的ドクトリンとは正反対のドクトリンが原因で祖国プロイセンに災厄《さいやく》がもたらされたという背景を考えれば、クラウゼヴィッツが議論にかけた情熱は理解できるし、またその議論にも欠点がない。

また、上記のようなクラウゼヴィッツの文章も、もともとの文脈から切り離してしまえば実に恐ろしいような印象を受ける。だがナポレオン戦争を経験した者であれば、「血は常にその

---

(36) 清水訳、上巻、三六八―三六九頁。
(37) 清水訳、上巻、三八三頁。
(38) 清水訳、上巻、三八三頁。

代償《だいしょう》であり、虐殺は（中略）主戦の性格を適切に表現している」[39]というクラウゼヴィッツの見解について、誰も異議を唱えることはできないはずだ。

クラウゼヴィッツが固く決心していたのは、読者に戦争にはこのような冷酷な現実があることを忘れないように思い起こさせるということであった。戦争というテーマについては、クラウゼヴィッツ以前のあらゆる戦略家だけでなく、クラウゼヴィッツ以降の戦略家も含めて実に多くの人々が洗練された論文や抽象的な論文、または専門的な論文の中で議論を行っている。そういった議論の根底には、戦争についての冷酷な現実が存在している。この冷酷な現実を見失わないようにさせるというのが、軍人と市民の双方に対するクラウゼヴィッツの重要な役割だった。

(39) 清水訳、上巻、三八一頁。

第4章
制限戦争と絶対戦争

二〇世紀の政治思想家や戦略家は、クラウゼヴィッツが区別した「制限戦争」と「絶対（または総力）戦争」という二つの戦争に意義を見出《みいだ》したが、この区別はクラウゼヴィッツが熟考を重ねたすえにたどり着いたものではない。すでに見てきたように、クラウゼヴィッツが初めて「相手の政治的独立を打ち滅ぼす戦争」（*seine Staatenexistenz aufzuheben*）と「自《みずか》らに有利な講和条件を得るために戦われる戦争」という二種類の戦争がありうるとしたのは、わずか二四歳のときであった。

ところが当時はクラウゼヴィッツだけでなく、同時代の誰もがこのような考えをとくに注目すべきものだと考えてはいなかった。しかし、それから二三年後の一八二七年（当時、クラウゼヴィッツは『戦争論』の執筆に一二年間取り組んでおり、原稿の四分の三ができていた）に書かれた「覚書」において、クラウゼヴィッツは再び原稿全体を見直す必要があり、「二種類の戦争という視点を至る所にもっと鋭くあててみたい」と記していた[1]。

つまり、二種類の戦争は、つねにクラウゼヴィッツの頭の中にあったに違いないのだが、一八世紀型の戦争とナポレオン戦争の両方を経験した者として、二つの異なる戦争という考えに根本的な重要性があると気づいたのは、クラウゼヴィッツが『戦争論』の執筆に取り組んでいる時であった。

正確に言えば、クラウゼヴィッツは防御について論じている『戦争論』第六編の半分を書き終えた頃にこの二つの戦争のイメージの違いに明確に気づいたようだ。それはつまり、指揮官は防御において自分の戦いが「決戦の思想が全体を導きこれを貫いている場合」[2]であるのか、それとも「監視戦」[3]に近いものなのかを知る必要がある、ということだ。本章の後半ではこの区別が防御戦を計画する上でとくに重要となる理由を説明していく。

クラウゼヴィッツは『戦争論』の読者に、ただ単に二つの異なった戦争が存在することを理解してもらうだけでなく、その理由まで正確に知ってもらうことが必要だと考えていた。実際のところ、クラウゼヴィッツはこの理由について三つの異なった説明をしている。一つ目は、歴史的または社会学的な説明である。二つ目は形而上学的な説明であり、三つ目は実証的な説明である。

それぞれの説明は『戦争論』の異なる箇所で行われており、ある一つの説明と他の二つの説明にはほとんど関連性がない。実際これら三つの説明には互いに親和性はない。

クラウゼヴィッツは、あらゆる戦争は、歴史的に見ればその戦争を行う社会が生み出したものであると指摘している。他のすべての〔社会的な〕習慣や制度と同様に、戦争はその時代に流布《るふ》していた考えや感情、そして状況によって形作られてきたからだ。

このような社会的要素が戦争の進化に与えた影響について、クラウゼヴィッツは古代から彼の生きていた時代まで概観《がいかん》し、おそらく史上初となる「戦争の社会学」である『戦争論』の中で説明している。

まずクラウゼヴィッツは、タタール部族、古代の共和国、ローマ帝国、中世の封建君主および近代初期の「傭兵」（condottieri）によって戦争がどのように発生して続けられてきたのかを説明した後に、一八世紀のヨーロッパにおける主権国家の発展に注目している。

（１）日本クラウゼヴィッツ学会訳『戦争論　レクラム版』芙蓉書房出版、二〇〇一年（以下、レクラム版）、一四頁。

（２）清水多吉訳『戦争論』中央公論新社、二〇〇一年（以下、清水訳）、下巻、三〇〇頁。

（３）清水訳、下巻、三〇〇頁。

一八世紀になると、君主たちは自分の支配する土地に住む人々に対して政治的・経済的に強い支配力を発揮するようになり、社会の他の部分から明確に分離された軍隊を組織できるようになったとクラウゼヴィッツは提示している。この軍隊は、自らが完全に支配している財力と兵站によって構成される常備軍であったことから、君主は「みずからを国家とみなした」[4]行動が可能となったのだ。ところがこういった資源は無尽蔵にあったわけではない。

> そして、政府は、公金をもって自国や近隣の地方の浮浪者を集め、戦争を行ったのである（中略）軍隊が壊滅すれば、新たにこれを建設することは不可能であり、軍隊の外にはみずからを守るものは何もなかったからである。あらゆる作戦において、極端に慎重さが求められた（中略）要塞や準備した陣地に拠る軍隊は、国家の中の国家を形成し、この中では、暴力的な要素は次第に消滅して行った。[5]

この当時の各国の文明化した社会的な道徳観と政治体制の発展は、それがあまりに結びつきが強くなっていたために、「もしヨーロッパのどこかで大砲が発射されると、どの国の政府もこの事件に関係があると感じ」られたほどであった。[6]このため、戦争を行う手段や目的には、さらなる制限が強いられるようになっていた。

しかし、フランス革命がすべてを変えてしまった。なぜなら「戦争は、まったく突如として再び国民の事業となり、そこでは三〇〇万の国民すべてがみずからを市民」とみなすようになったからだ。(7)

このようにして、戦争は、あらゆる因習《いんしゅう》的な制約から解放され、その本来の暴力的な要素を完全に発揮するようになった。その原因は、諸国民がこの国家の大事業へ参加したことにある。また、諸国民が戦争に参加するようになった理由は、半分はフランス革命によって各国の内部に生じた事情にあり、残りの半分は、フランスがもたらし、各国を脅《おびや》かした危険にある。(8)

この変化が永続的なものになりうるか否《いな》かに関しては、クラウゼヴィッツはきわめて慎重で

---

(4)　レクラム版、三一三頁。
(5)　レクラム版、三一三―三一五頁。
(6)　レクラム版、三一五頁。
(7)　レクラム版、三一七頁。
(8)　レクラム版、三一九頁。

あり、おそらく政治的に抜け目のないためか、何も述べていない。ただし「ある意味で制限は、何が可能かという限界に気が付かないことにあるので、その制限がいったん取り払われると再建は困難」であるという注意は促《うなが》している[9]。

彼の理論において重要なのは「それぞれの時代に、その時代の独特な戦争があり、その時代の独特な制約条件があり、またその時代の独特な拘束」があるという点だ[10]。戦争が総力的なものか限定的なものか、さらにはそれを限定する要素が何かを決定するのは、まさにこういった文化的な状況だというのだ。

ところが『戦争論』の修正を始めた際、クラウゼヴィッツはそれまでとは異なる手法をとった。第一編第一章は、クラウゼヴィッツが亡くなる前に完成させた最後の章であり、自身が明言するように、その内容に満足していた唯一の章であったが、ここで彼は「絶対戦争」という概念を提起している。この概念は文化的に決定されるものではなく、プラトン哲学でいうイデアのような理論上のものであって、現実におけるほとんどの戦争はこれに近似《きんじ》したものにはならないというのだ。

つまり絶対戦争とは「理念」であり、ここで言う理念とは、「理想的」という意味ではなく、論理的であり、（アリストテレス的な意味での）「自然」を意味していた。要するに、戦争に固有の本質は、総力的なものであるということだ。戦争は「力の行為である。その力の行使においては、どのような制限もない」からだ。[11] この一節の正しさを説明するために、クラウゼヴィッツは自らが「相互作用」[12] と呼ぶ概念を使っている。この概念は、現代では「エスカレーション」と呼ばれるものだ。

　戦争における目的は、自らの意思を相手に押し付けること、つまり「相手にわが意志を強要するために行う力の行使」である。[13] これを実現するには、敵の抵抗力を奪《うば》わなくてはならない。というのも、敵を無力にしなければ、逆に敵が自分たちを無力化しようとしてくるからだ。

　それゆえ、敵の抵抗力が残っているかぎり、論理的には自己防衛のため、その敵の抵抗力の破壊に努めなければならない。相互作用には、極限へと達する直前で停止する場所はないからだ。

　ところがクラウゼヴィッツによれば、この現象が現実にほとんど生じなかったのは、戦争自体とは関係のない、さまざまな要因があったからだ。戦争は、決して独立した行為ではない。

(9)　レクラム版、三一九頁。
(10)　レクラム版、三一九―三二〇頁。
(11)　レクラム版、二五頁。
(12)　レクラム版、二五頁。
(13)　レクラム版、二二頁。

単一の決戦、もしくは同時に進行する一連の活動は、政治的な空白の中で行われるようなものではなく、その戦争に至るまでの出来事、またはその戦争が作り出そうとしている状況とは無関係ではいられない。

交戦国の意図や戦争の行方というものは、国際関係、交戦国同士が戦争の前に有していた関係、軍隊の性格、戦場の地形、戦争がもたらすであろう新しい状況に対する認識などが考慮されて形成される。こういった要件こそが、軍事の論理による要件をはるかに上回る形で戦争の戦い方を決定してきたという。

実際のところ、クラウゼヴィッツは、戦争はそれ自身の「論理」（logic）を持つという考えを否定しており、持つことをできるのはそれ自身の「文法」（grammar）のみだと述べている。クラウゼヴィッツは、戦争が政治的な事情によって発生すると主張している。つまり戦争は「政治的動機によってのみ引き起こされる（中略）したがって、戦争は、政治的行為である」と論じるのだ。[14]

政策は指針となる知性であり、戦争はそのための単なる手段であるという。しかし、この例えは誤解を招くものだ。なぜなら戦争がいかに政策に従うものであったとしても、政策とは明確に区別されて存在するものとして捉えることは難しいからだ。戦争は政策の一部であり、政策の一形態であり、他の手段を交えた「政治的交渉」（*Verkehr*）の継続である。

ここで、「他の手段を交えた」というのは、同時に次のことを主張するためである。政治的交渉は、戦争自体によって中断されるのではなく、また何かまったく違ったものに変わるのでもない（中略）そして、政治的交渉の方針は、戦争におけるあらゆる事象を支配し、結び付け、戦争間から講和にいたるまで一貫して維持される（中略）戦争は、政治的交渉から決して切り離すことはできない。もしも、われわれの考察においてこのような分離が起これば、諸関係を結びつけている糸は断ち切られ、そこには意味も、目的もないものしか存在しない[15]。

このような明確な記述によって、「二種類の戦争」[16]という単純な概念を見直しする機会が与えられる。政策に関する考慮が最も重要であることや、政策に要求されることがほぼ無数にありうることを知っていれば、戦争はたった二種類だけではなく、あらゆる種類の戦争がありう

(14)　レクラム版、四三頁。
(15)　レクラム版、三三八—三三九頁。
(16)　レクラム版、一四頁。

ることがわかる。

クラウゼヴィッツも指摘しているように、戦争は物事を一振りで解決することのできる「豪剣」のようなものであるかもしれないし、「フェンシングの試合刀」であったり、「これで突き、フェイントをかけ、相手の剣を払う[17]」ようなものであるのかもしれない[18]。そしてこの二つの間には、無数のパターンの形の戦争が存在するのだ。クラウゼヴィッツは、二つのタイプの戦争の明確な違いではなく、戦争がグラデーションのように変化する可能性について探求する前に亡くなってしまった。クラウゼヴィッツは二種類の戦争の「モデル」の間の領域については深く考えることは決してなかった。

しかしクラウゼヴィッツが強調したのは、制限戦争を戦うかどうかは自国だけで決まるのではなく相手次第であるという事実であり、これはイエナの戦いを生き残った者たちにはとりわけ衝撃的であったはずだ。つまりもし相手が自分の目的を達成するために最大限の力を投入するのであれば、こちらも同じように戦わなくてはならないということだ。この場合には「絶対戦争」へとエスカレートする論理を受け入れなければならなくなる。

この理由から、クラウゼヴィッツは戦略家たるものは絶対戦争という理念をつねに明確に意識しておかなければならないと強調した。つまり「可能な場合や必要な場合には」この絶対戦争という理念型（the ideal form）に近づこうとしなければならないというのだ[19]。

この明確な記述に従えば、戦争の本質が決まるのは、文化的な状況によるものではなく、戦争を生じさせる政治指導者たちの理性的な決断によることになる。しかしクラウゼヴィッツは、大半の戦争が限定的なものとなる理由として、三つ目の説明を提示している。つまり戦争が限定的になるのは、戦争を遂行することそのものの本質に根ざしているという説明だ。

　クラウゼヴィッツが、戦争を行う上で一つのパラドックスが生じることに関心を持っていたのは明らかだ。彼はこれを「軍事行動における休止」と呼び、著書の中で何度も繰り返し言及しているからだ[20]。われわれは原則的に、戦争は継続的な暴力活動であり、互いを殺し合う活動であると考えがちだ。だが実際の軍隊は、軍事作戦の真っ最中であってもとくに何もせず無為に時を過ごすことがたびたびある。

　軍事行動には休止状態があるという戦争の現実に関する見識は、クラウゼヴィッツを軍事分析家として際立たせたものの一つである。なぜならこの退屈な休止活動こそが、「摩擦[21]」とい

(17)　レクラム版、三三九頁。
(18)　レクラム版、三三九頁。
(19)　清水訳、下巻、四七七頁。
(20)　レクラム版、三六頁。
(21)　レクラム版、九七頁。

う要素と同じように、「現実の戦争」と戦略思想家が考える「理論上の戦争」とを明確に区別するものだからだ。よく言われるように、戦争は九割の退屈と、一割の恐怖でできているのだ。

この現象に対するクラウゼヴィッツの当初の説明は、攻撃と防御の相互作用に関する分析との関連性を持っていた。彼の指摘では、攻撃側と防御側の双方が同時に先手を打とうとする強い動機を持つことはきわめて珍しいという（これが実際に生じた数少ない例として挙げられるのは一九一四年の第一次世界大戦の勃発《ぼっぱつ》だ。すべての主要な交戦国が攻勢作戦に打って出たからだ）。

交戦者の双方がどれほど攻撃的な意図を持っていたとしても、その両者が同時に攻撃を仕掛けるような可能性は低い。たとえば一方の側は、力を増強するまでは行動を控《ひか》えたいために一時的に防勢的な態勢《たいせい》をとることがある。そしてこの防御態勢は非常に強固に見えるため、相手方が攻撃を控えて状況が好転するまで行動を控えようと決心することもある。その結果、とくに何も起こらないような状態が長期にわたって続く可能性もありえる。

さらにクラウゼヴィッツは、これが人間の本質《ヒューマン・ネイチャー》であるため、このような状態が生じるのは当然のことだと論じている。敵に関する情報は不確実であり、敵の力は過小評価ではなくつねに過大評価しがちである。だからこそ「人間の心にある生得の臆病と不決断」が人間にのしかかり、「精神世界を圧迫する一種の重力」のようなものとなる[22]。そして「戦火たけなわとなれば凡庸《ぼんよう》な精神には行動がいよいよ困難となり、運動が長引くにつれて渋滞も大きく繰り返し現れるようになるにちがいない」のだ。[23]

戦争における政治目的がいかに極端で「絶対的」なものであろうと、この「渋滞」は克服できないだろう。だからこそクラウゼヴィッツは「戦争の中で水を得た魚のごとく活き活きとしてくる軍事精神が最高度に発揮され（中略）なければ、停滞が日常一般のこととなり、前進は例外的なこととなるだろう」と主張する。[24]

もし、そういった推進力を与える「軍事精神」[25]が存在せず、大衆の圧力や、目に見える大きな目的が存在しない場合には、軍事行動は次第に停滞していく可能性が高い。戦争は一八世紀の頃のように「中途半端なもの」となり、[26]戦争は偶然のゲームである賭け事（*Spiel*）に似てきたのだ。本書では危険や運といった要素がすべての戦争を賭け事のようなものにしてきた例を見てきたが、政治や国民にやる気がなく、勇敢な指揮官がいない場合には、戦争は大きな賭け

---

(22) 清水訳、上巻、三二四頁。
(23) 清水訳、上巻、三二五頁。
(24) 清水訳、上巻、三二五頁。
(25) 清水訳、上巻、三二五頁。
(26) 清水訳、上巻、三二六頁。

ではなく「銅貨による小賭博」に似てくる。[27]

クラウゼヴィッツによれば、こういった事態が生じたために、フェイント攻撃、機動作戦、そして待ち伏せなど、ロココ時代の将軍たちのさほど重要ではないスキルが過度に重要視され、しかもそれが戦争術全体を構成するものだと誤《あやま》って（しかも破滅的な結果をもたらす形で）信じられるようになったのだ。

この説明に従えば、戦争の本質が理論上は絶対的なものであったとしても、実際に戦争を戦う人間の本質によって戦争が限定的なものに制限されて「完全なる状態」（*Vollkommenheit*）、すなわち「絶対的な形態」[28]に至ることはなくなる。

戦争は、政治目的によって限定されるべき、または少なくとも決定付けられるべきものであろう。ところが戦争は、人間の弱さや、本質的な要素である「摩擦」によって、制限されたり、少なくとも制約を確実に受けるものだ。制限戦争における目的を達成する場合でも、通常以上に、つまり「絶対戦争」というモデルを目標として力を注ぐ必要がある。

「絶対戦争」を戦うということは、政治指導者が軍隊に要求する可能性の一つでしかなく、おそらくは最もありそうもない要求ではあるが、政策上の必要性がある制限戦争であっても、それを効果的に行うためには、軍隊の指揮官たるものは絶対戦争を理論上の可能性としてつねに意識しておかなければならない。なぜならそれは「何をなし得るか、何をなすべきかの準《じゅん》拠《きょ》を理論に求める」ためだ[29]。

ビスマルクがその三〇年後に見つけ出したように、ここから以下のことがわかる。すなわち、政治指導者たるものは、軍人が度を越した行動をとって制限戦争を絶対戦争に拡大させないように十分に注意する必要があるということだ。しかしクラウゼヴィッツはこの点について考慮していなかった。

本書ですでに強調してきたことだが、クラウゼヴィッツがこの二種類に戦争を区別することの真の重要性に気がついたのは、理論的な分析を行っている章ではなく、地形と戦術関連の詳細な情報で満ち溢《あふ》れている非常に長い編、つまり防御に関する部分を執筆していた最中であった。この防御に関する部分は『戦争論』の簡略版を作る際に編集者によって省略されることが多く、たしかにそうしたくなる気持ちもわかる。ところがそれが省略されてしまうと、『戦争論』の読者はクラウゼヴィッツの考えの本質に触れるチャンスを奪われてしまうことになる。

とくに『戦争論』の提言、すなわち最終編の第八編である「作戦計画」で軍事行動に関して

---

(27) 清水訳、上巻、三一七頁。

(28) レクラム版、三一八頁。

(29) レクラム版、三〇〇頁。

具体的に行っている提言は、クラウゼヴィッツが第六編で防御に関して深く考える中で導き出した原則と照らし合わせることで、はじめて理解ができるものだ。クラウゼヴィッツは第六編で非常に包括的な考察を行ったため、続く第七編「攻撃」では新たに付け加えることがほとんどなかった。

　クラウゼヴィッツは防御に関する議論において、まず二つの点を挙げることから始めている。第一は防御の目的は消極的であるが、戦争において防御は攻撃よりも強力な戦い方であるという点だ。なぜなら陣地を維持することのほうが奪取《だっしゅ》するよりも容易であり、獲得するよりも保持することのほうが簡単だからだ。劣勢となっている側は、自暴自棄《じぼうじき》にならない限り強者を攻撃することはない。攻撃を受けた側は、防御に徹して、防御する立場の有利さを最大限に高めることで自らの弱点を補《おぎな》うのだ。クラウゼヴィッツは戦争が法律と同じく「持てるものは幸いである」（*Beati sunt possidentes*）[30]と述べている。

　しかし防御は純粋に受け身というわけではない。クラウゼヴィッツが挙げた第二の点は、防御というのは本質的に敵の攻撃を待ち受けて、さらに反撃する（*Abwehr*）という二つの段階から構成されるということだ。後者の行為、つまり攻撃側への反撃は、防御という概念そのものに本来備わっているという。軍隊が防御の態勢を取るのは、そこから戦闘を行うためである。その態勢を選択するのは、戦闘の効果、とくに火力の効果を最大化するためだ。つまりクラウゼヴィッツは、防御は盾《たて》のようなものだが「攻撃的要素も巧《たく》みに組み合わせた」能動的な盾であると述べている[31]。

防御陣地に座して、敵が自らを圧倒するのをそのまま許してはならない。そこから反撃を行うのだ。実際のところ、あらゆる戦争において最初に発砲したのは大抵の場合は防御側であった。この点に関して、クラウゼヴィッツは次のように述べており、レーニンはこの箇所について、あざけりつつも同意していた。

> 侵略者は常にすこぶる平和の主義を抱き、ひたすら血を流さずして敵国に侵入せんと努めている。かのナポレオンのごとき場合もまさにこれであった。しかしそのことが不可能なのは、防禦者が戦闘の決意をし、そのために準備をしているからである。これをもって考えてみても、要するに奇襲を避けるためには弱国、つまり不幸にして防禦に立たされるものは常に戦争の準備をしていなければならないことである[32]。

---

(30) レクラム版、二二九頁。
(31) レクラム版、二二九頁。
(32) 清水訳、下巻、四〇頁。

防勢戦略のカギは、攻撃の「待ち受け」と「反撃」という二つの要素の間に適切なバランスを見出すことにある。そして適切な時と場所を選択しながら、クラウゼヴィッツが「防禦の最も光彩を放つとき」と表現した「猛烈な反撃」に転じることから成り立っている[33]。

もちろんその二つの間には実に多くの可能性が存在する。敵が領土に侵入したら即座に反撃する（最小限の待ち受け時間で敵にすばやく反撃する）といったことから、一八一二年にロシアが一九一四年と一九四二年にも同じ行動をとることとなったように、国土の奥深くに後退して反撃が可能になる瞬間が訪れる直前まで敵を陣地に引きずりこむものまである。クラウゼヴィッツによればこのバランスは、主に自軍の力で敵を倒したいのか、それとも敵を「自ら招いた困苦」によって壊滅させたいのかによって決まってくるという[34]。

クラウゼヴィッツは、後者の反撃を遅らせるという戦略は、攻撃側よりも防御側に有利になると考えた。防御側は、味方の領土内で補給線に沿って後退している一方で、攻撃側は前進すればそれだけ補給の問題が深刻化し、戦闘力も弱まり、周囲の環境も敵意に満ちたものとなる。それが続き、攻撃側の戦力が極限まで弱体化し、防御側が最大限の力を蓄積した瞬間に、攻撃側と防御側の優勢は逆転する。この瞬間のことを、クラウゼヴィッツは「限界点」と表現した[35]。それは、ギラついた刀を引き抜いて報復のために反撃に転じるべき時点のことだ。そして戦略家の最大の力量は、この瞬間の到来を正しく見極められるか否かという点にあるというのだ。

防御に関するクラウゼヴィッツのこういった分析は、自身が経験した一八一二年の戦役《せんえき》の影響を過度に受けていると言えるであろう。クラウゼヴィッツは生涯において複数の戦闘に参加しており、とりわけ一八〇五年と一八〇六年の会戦は際立ったものであった。これらの会戦では、前進する側が進軍することで気力を失っていくのではなく、むしろ士気を得ていた。後退する側は敵に自らの領土を明け渡したために、次第に士気を失っていった。そして、攻撃する側は、補給の問題を現地調達で解決していた。

また、ヨーロッパでは戦闘に必要不可欠な領土と資源を放棄することなく国土の内部にまで撤退できる国はほとんど存在しなかった。しかしそれが可能である場合は、それをきわめて効果的に利用できるのは確実であった。ロシアを侵略した国々は、この教訓を多大なる犠牲を払って学んだからだ。ほかにも一九一四年の北フランスの局地的な戦場では、ジョフル（Joffre）はマルヌの会戦で「猛烈な反撃」[36]に転じる前に、ドイツ軍の大部分を「自ら招いた困苦」[37]によ

(33) 清水訳、下巻、三九頁。
(34) レクラム版、二四三頁。
(35) レクラム版、二七六頁。
(36) 清水訳、下巻、三九頁。

って自滅させることに成功している。

いずれにせよ、クラウゼヴィッツは入念な計画や、激しく戦いながらの撤退戦によって防御を長期化させれば、利用できる資源の量が増加すると説明している。第一の理由として、彼はそもそもヨーロッパの既存の政治体制や、その体制の支配者たちが総じて勢力の均衡状態の維持を好むことを考慮すれば、中立国は侵略を受けた被害者側を助けることでその均衡状態をもとに戻そうとするはずであることを挙げている。これは実に楽観的な評価であり、必ずしも歴史的に証明されたものではない。

第二の理由として、環境によって与えられる資源がある。これには、地形などの自然による資源と、軍事技術によって生み出される人工的な資源がある。クラウゼヴィッツはこの二つの資源について、優れた知識を用《もち》いて分析している。

最後の第三の理由として、クラウゼヴィッツは国民自身による支持を挙げている。クラウゼヴィッツ以前のすべての戦略家や、クラウゼヴィッツ以降の大半の戦略家たちは、この要素を考慮に入れていない。実際のところ、クラウゼヴィッツは『戦争論』の中で正規軍と国民軍の関係、そして後者の強みと弱みについて書いている。クラウゼヴィッツは、自らの経験と活動、とくに「プロイセン解放戦争」（とくに一八一二年から一八一三年にかけての冬）で東プロイセンにおいて義勇軍を組織していたこともあって、このテーマについて語るには最適の人物である。

クラウゼヴィッツは防御について論じている編の中に、とくにゲリラ戦に焦点を当てた「民衆の武装」（第六編第二六章）という章を設けている。彼はこのテーマに関する情報がほとんどないことを自覚していた。「というのは、国民戦争という対象がこれまでほとんど出現しなかったし、これを自ら観察した人によってもほとんど何も書かれていなかったから」である(38)。

さらにこのテーマは、資源の無駄遣いであると主張する軍人たちや、一般的には国民戦争を「合法的な無政府状態であると見なし、法的秩序の破壊は外敵と同様に危険である(39)」とみなす人々の双方にとって物議を醸《かも》す内容でもあった。

前者に関して、クラウゼヴィッツはゲリラ戦に投入される資源は、それ以外の目的で利用することはおそらく不可能だろうと指摘している。後者については従来の制約が全般的に崩壊していったプロセスの一部として見る必要があると注意を喚《かん》起《き》している。すなわち「われわれが戦争と呼ぶ全体の発酵過程が、拡大され、強化される」という、当時の時代の特徴だというの

---

(37)　レクラム版、二四三頁。
(38)　レクラム版、二六五頁。
(39)　レクラム版、二五八頁。

だ[40]。

他の新しいタイプの戦争と同じように、「一般的には、国民戦争を賢明に使用する国民は、これを退《しりぞ》ける国民に比較して有利な地位を占めるだろう（中略）したがって、唯一の問題は、戦争に新しい激烈さをもたらすこれらの要素が人類一般にとって有益かどうかということである。この問題に答えることは、戦争そのものについて答えることと同じであり、われわれは、この二つの問題を哲学者にまかせる」べきだという[41]。

クラウゼヴィッツがここで提起した問いは、現在においても盛んに議論されている。しかし後の時代の何人かの思想家たちと違って、クラウゼヴィッツはゲリラ戦を独立したものとして考えてはいなかった。彼にとってゲリラ戦はすべての防衛能力の中の一つの手段でしかなく、「正規軍の戦争と結び付けて考え、この両方を総合的な計画の中で統一する」[42]ことにおいてのみ現実的に考えることができるものであった。

このような計画において、ゲリラ戦が提供する役割は、決戦前の補足的な活動もしくは敗北後の最後の手段のいずれかでしかない。クラウゼヴィッツは、いずれにおいてもゲリラ戦の利用を躊躇《ちゅうちょ》してはならないと論じている。

どんな国家も、その運命、すなわちその生存が、たとえもっとも決定的なものであったとしても、たった一回の会戦によって決定されると考えてはならない（中略）ある国がその敵としていかに小さく、劣勢であったとしても、その国は、この最後の努力を惜しんではならない。もしそうしなければ、もはやこの国は魂の抜けた国といわざるをえない（中略）さらに、このことは、この国の存続に関心を持つ援軍が期待できる場合には、もっと重要である。すなわち、主会戦に敗れると、講和を速やかに国民に説得することだけを考え、敗戦の絶望感に打ちひしがれる政府は、あらゆる力を鼓舞《こぶ》する勇気も気概も持たず、いずれにしてもその弱さから混乱に陥《おちい》り、勝利者としての資格など最初からなく、それゆえに勝利も得られるはずはなかったといえる(43)。

政治に対するクラウゼヴィッツの考え方が集約されたこの一節は、慎重で保守的な集団であったフリードリヒ・ヴィルヘルム三世の顧問団にクラウゼヴィッツが嫌われていたことをうかがわせるものだ。

(40) レクラム版、二五九頁。
(41) レクラム版、二五九頁。
(42) レクラム版、二六〇頁。
(43) レクラム版、二六五―二六六頁。

しかし敵が国家の打倒ではなく、むしろ一八世紀では一般的であった限定的な目的（すなわち、国境に隣接する一部の地域を占領し、その地域を領土に併合するか、または和平交渉用の担保として利用するという目的）を狙っていた場合はどうであろうか。もし敵の攻撃が、他の場所に決定打を与えるための、あくまでも付随的なものであった場合はどうであろうか。その敵が重要な同盟国の要請にしたがって渋々攻撃を行うものの、巧みな術によってその同盟国から切り離されてしまうような場合はどうであろうか。

このような場合、通常とは大きく異なる防勢戦略が求められるはずだ。このようなケースでは、重要かつ決定的な戦いに兵力を集中させるために国境前線における防御を捨てて国土の内部へ撤退するのは、きわめて不適切な計画となる。ここでの正しい戦略とは、可能なかぎり多くの領土をできるだけ長期間維持することである。

したがって作戦計画を立てる上で最も重要なのは、どのような戦争を行わなければならないのかを戦略家が見極めることだ。つまり戦争が「監視戦に多かれ少なかれ接近する」[44]のか、それとも「決戦の思想が全体を貫きこれを導いている」かどうかという点だ[45]。最初の段階からこういった全般的な政治面での考慮によって戦略家の軍事計画が決定されることになる。

『戦争論』第六編二八章を執筆している途中で、クラウゼヴィッツは二種類の戦争を、「それぞれ明確に異なる問題を指揮官に提起しているもの」として扱うようになった。このような扱いは『戦争論』の他の部分ではしていないし、すでにこの時点で彼には適切に修正するための時間は残されていなかった。

二種類の戦争は『戦争論』の最終編である第八編「作戦計画」で注意深く区別されることとなり、ある程度詳細な形でそれぞれの戦争に適した戦略原則が提示されている。同編の冒頭では、政治目的が優先されるという点についてかなり精緻化された議論がなされている。この議論はすでに本書で説明したが、クラウゼヴィッツが最もよく知られているのはまさにこの議論によってであろう。

クラウゼヴィッツが『戦争論』全体の修正に取りかかったのは、この重要な点に関する考えが明確になってからだが、生きている間にその修正を終わらせることはできなかった。

(44) 清水訳、下巻、三〇〇頁。
(45) 清水訳、下巻、三〇〇頁。

第5章

クラウゼヴィッツの遺産

クラウゼヴィッツは『戦争論』を執筆するに際し、「二、三年の内に忘れさられることがないような」本を書くというような控《ひか》えめな野望を抱いていたが、[1] この野望は当初から達成されていたわけではなかったように見える。

クラウゼヴィッツが亡くなった翌年の一八三二年に出版された『戦争論』の初版は、未亡人となった妻によって編集されたものであり、敬意をもって受け入れられたが、社会的な影響力

(1) 日本クラウゼヴィッツ学会訳『戦争論 レクラム版』芙蓉書房出版、二〇〇一年（以下、レクラム版）、一四頁。

はほぼなかった。一八六七年にはあるヨーロッパの軍事文献の概説において、クラウゼヴィッツの『戦争論』は「よく知られているが、めったに読まれることはない」という非常に厳しい評価が与えられている。ヘルムート・フォン・モルトケ（大モルトケ）の存在がなければ、『戦争論』は忘れ去られた骨董品《こっとうひん》のような存在となっていたかもしれない。

　モルトケは、普墺《ふおう》戦争や普仏《ふふつ》戦争などのドイツ統一戦争においてプロイセンに軍事的勝利をもたらした人物として知られ、ビスマルクとともに一八七一年にドイツ帝国を誕生させた中心人物である。そのモルトケが、プロイセンの軍事的な勝利の後に「聖書とホメーロスを除けば、自分に最も大きな影響を与えた人物は『戦争論』を著《あらわ》したクラウゼヴィッツであった」と述べたのだ。

　モルトケがこのように認めたおかげで、クラウゼヴィッツは即座に注目を浴びるようになった。一八七三年にドイツのある軍事雑誌は、モルトケと同じように「クラウゼヴィッツは、ドイツ陸軍内の軍事教育における第一人者としての地位を確立した」と宣言している。

　この雑誌によれば、一八六六年の普墺戦争および一八七〇年の普仏戦争とは、「厳格な軍事規律、優れた兵器、適切な基本戦術、優れた行軍《こうぐん》計画、鉄道、現実的な補給線の確保、そして情報伝達が戦争のすべてを決定付けた。この純粋に職人のような概念は陸軍において広く行きわたっており、軍事上のそういった大変革をもたらしたのだが、これら概念が、それまでの軍事についての考え方をクラウゼヴィッツが巧妙に打ち砕《くだ》いた結果」であることを示した戦争となったのである。

クラウゼヴィッツが打ち砕いたのは、数学の公式のような機動戦略であった。この戦略は一八七〇年以前のほとんどの士官学校で教えられていた。影響力を持ったジョミニが長生きした（一八六九年に九〇歳という高齢で亡くなった）ことも手伝って、機動戦略はそれまで圧倒的な存在であった。

うまく整理された講義のようなジョミニの教科書は、ヨーロッパの主要言語すべてに訳された。ジョミニの軍事思想は、フランス軍、ロシア軍、そしてアメリカ軍の軍事ドクトリンを直接形成した。そしてプロイセンのＷ・フォン・ヴィリセン（W. von Willisen）、イングランドのエドワード・ブルース・ハムレイを通じて、プロイセン軍とイングランド軍の軍事思想にも影響を与えている。

ドイツの軍事思想について後に権威となったルドルフ・ファン・ケメラー（Rudolf von Caemmerer）は「クラウゼヴィッツがいなければ、ジョミニがモルトケを導く人物となっていただろう」とおののきながら書いている。また「［クラウゼヴィッツは］戦争の理論という抽象的な世界からわれわれを解き放ち、戦争の実態が結局のところは何であるかを示した」と分析している。

クラウゼヴィッツが陸軍大学校校長として勤務していた際に、モルトケは同大学の学生であったが、クラウゼヴィッツとの接点はなかった。モルトケの伝記を著したエーベルハルト・ケッセル（Eberhard Kessel）によれば、モルトケの日記と手紙からは、モルトケがクラウゼヴィッツの著作を詳細に研究した痕跡《こんせき》はほとんど見当たらないという。

実際のところ、クラウゼヴィッツの主張した精神力の重要性や、敵を見つけ出し、戦闘によって敵を撃破するのが望ましいこと、柔軟性、自律性、そして集中が必要であるという考えは、一八一五年以降のプロイセン軍ではかなりありふれたものであった。

このような新しい考えは、保守的な支配者層が数学の公式のような戦略思想に執拗《しつよう》にこだわったのとは対照的に、当時の自由主義《リベラル》的な思想や先進的な考えを持った若い将校たちに顕著《けんちょ》に見られる特徴であった。

モルトケはクラウゼヴィッツの考えを吸収して、自分と一致する考えだけを自分の弟子たちに伝承した。ドイツ軍に伝わったクラウゼヴィッツ像、そして一九世紀後半には世界に広まったクラウゼヴィッツのイメージは、モルトケを通じて伝わったものだ。

これは、ロシアにおけるマルクス像がレーニンを通じて伝わったのとほぼ同じ構造だ。モルトケのクラウゼヴィッツ像は不正確というわけではなかったが、それでも歪《ゆが》められた、きわめて不完全なものであった。

モルトケ自身の著作は、盗用と言ってもいいくらいクラウゼヴィッツの考え方に似ている。

> 軍事力を行使しての勝利は、戦争の帰趨《きすう》を決する最大の要因である。勝利だけが敵の意志を挫《くじ》き、敵を我の意志に服従させるからだ。戦争の結果を決めるのは、領土の一部の占領や要塞の攻略ではなく、敵軍の撃破である。つまり敵軍の撃破こそが、軍事作戦における主要目標なのだ。
>
> 作戦計画を立て、始まりから終わりまですべて計画通りに進めることができるという考えは間違っている。主敵との最初の交戦によって（中略）まったく新たな状況が作られるからだ。参謀本部ができることは、戦場に影響を及ぼす変化を正確に認識することや、望ましい手段を比較的短期間で選択して、それを全力で実行することだけである。
>
> 戦略ドクトリンは、最重要原則である常識から逸脱《いつだつ》することはほとんどない（中略）このドクトリンの真の価値は、それを具体的に応用できるかどうかにかかっている。
>
> 戦争では「何を実行するか」よりも「どのように実行するか」のほうが重要である。目標を達成するための最も確実な道は、強い決意と単純なことを成《な》し遂《と》げようとする忍耐力である。

このようなアイディアは、一八七〇年代から一八九〇年代までモルトケ指揮下の参謀本部に勤《つと》めていた多くのドイツの戦略家たちによって広まったものだ。

たとえば著名な戦略家の一人であるヴェルディ・ドゥ・ヴェルノワ（Verdy du Vernois）は「戦略をあらかじめ決められた科学的なシステムへと変換しようとするのは、戦略の本質についての間違った理解につながる。ある計画の概念を正確に捉《とら》えることや、それを実行するエネルギーを持つことは、最も優秀な水先案内人が岩礁地帯を抜けて航海する際に必要とされることだ」と記している。

そしてこの計画の簡潔性や計画実行のためのエネルギーは、すべての段階において対処できる即応能力によって補《おぎな》われなければならないという。そしてヴェルノワは「誰もがただ命令を待つという受動的な姿勢ではなく、自《みずか》らの行動に責任を持つという積極的な姿勢でいることが好ましいという覚悟を持たなくてはならない」と主張している。

こういった考えのおかげで、ヴェルノワやその同世代の者は「軍隊の特性は、知識ではなく精神〔品格、姿勢〕に根ざしたものだ」という結論に至っている。これはまさにクラウゼヴィッツ主義の考え方であり、クラウゼヴィッツ以降の職業軍人たちもこの考えを受け継いでいる。

二〇世紀前半のドイツ軍を支配していたのは、まさにこのようなクラウゼヴィッツ主義の考え方だった。フランス人は敵国の最も重要な指導者の優れた点を見出《みいだ》すのに少し時間を要しているが、それでも一九〇〇年までにフランス軍には「紛《まぎ》れもないクラウゼヴィッツへの熱狂」が存在するようになっていた。

　ところがフランス人の中には「クラウゼヴィッツはすでにナポレオンのほうがより明快に力強く述べたことをドイツ人特有の難解な文章によって表現しただけだ」と主張する者もいた。それでも全般的に「精神力」を強調する考え方はフランス軍の伝統と完全に合致しており、しかもこの伝統はフランス革命以前から影響力があり、近年の植民地戦争における経験によって強固なものとなっていた。そしてフランス人哲学者のアンリ・ベルクソン（一八五九―一九四一年）が広めた「生命の躍進力」（élan vital）という哲学思想にも沿ったものであった。

　フランスにおけるクラウゼヴィッツ信奉者の中で最も影響力を持っていた人物は、後に元帥となったフェルディナン・フォッシュ（Ferdinand Foch）である。一九〇三年に出版されたフォッシュの『戦争の原則』（*Principles of War*）は（出典をつねに明確にしていたわけではないが）実質的にはクラウゼヴィッツの考えの抜粋であった。

　フォッシュによれば敗北とは「実際のところ純粋に精神の働きによってもたらされる結果である。それは落胆や恐怖という心理的感情の結果であり、勝者が敗者の魂の中に精神的な要素と物理的な要素を同時に持ち込んで作り上げるものだ」という。

　これはあながち誤《あやま》った分析ではなかった。というのも、一九一四年九月に行われたマルヌの会戦でそれが裏付けられたからだ。この当時、フランスのジョフル将軍は、一八七〇年の普仏戦争が単なる小競り合いかと思えるほどの大規模な敗北と損害を国境地帯でこうむったにもかかわらず、冷静であって取り乱すことはなく、マルヌでドイツ軍に反撃を行っていた。これとは逆に、一九四〇年にジョフルと同じ役職に就いていたガムラン（Gamelin）将軍は、ドイツ軍に対して全く無力であった。

だがジョフルの緒戦での敗北は軽率かつ時期尚早の攻撃に原因があり、またその攻撃も他のヨーロッパ諸国の将軍たちと全く同じような方法でしか行っていなかった。一九一四年当時のクラウゼヴィッツの信奉者たちは「クラウゼヴィッツの教えへの賞賛」と「戦争において防御は攻撃よりも強い形態である」とするクラウゼヴィッツの明確なドクトリン（クラウゼヴィッツの死後には火器の発展によってこの議論の説得力が大いに増していた）を無視していたという矛盾を、いったいどのように考えていたのだろうか。

モルトケ自身もこの矛盾について一八六〇年代から真剣に考慮しており、「戦略的攻勢、戦術的防御」という軍事ドクトリンを発展させることによって、指揮下の歩兵部隊が新たに登場した後装ライフル銃の効果を最大限に引き出せるようにしている。

その四〇年後には、ライフル銃の射程、正確性、そして連射速度はそれぞれ三倍になっただけでなく、機関銃が登場したことによって戦場における銃器の存在感はさらに高まったのだが、フォッシュは攻勢優位という自らの考えを正当化するにあたり、『戦争論』の議論の中から有用なものを見つけ出して以下のように述べている。

> 襲撃すべきである、とくに多勢で一丸となって襲撃すべきである。数の力を上手く利用する方法を知っているかぎり、われわれが持つ物理的な優位さによって敵の銃撃を克服することが可能となる。敵より多くの火砲を持てば、敵の火砲を沈黙させることができる。ライフル銃や銃剣についても、適切に使用する方法を知っているのであればこれと同じ効果を得られる。

要するに戦争において最良の戦略とは、まず全体において、そして勝敗を決するような決定的な点において、強力であるべきことだという。

防御が優位であるとするクラウゼヴィッツの教えは、一九一四年以前の戦略家たちにとっては恥ずべきものであり、無視または言い逃れすべきものと見られていた。クラウゼヴィッツの伝記を書いたフォン・ケメラーは、一九〇五年にクラウゼヴィッツの防御の定義について「消極的な目的達成のためのより強力な手段」と記しており、「程度の差こそあれ、この定義に対する反発は決してなくならない」と指摘している。

ドイツの戦略家の中で最も広く知られていたコルマール・フォン・デア・ゴルツ（Colmar von der Goltz）は、自身の有名な著作である『国民皆兵論』（*The Nation in Arms*, 1883）において、クラウゼヴィッツが長生きして『戦争論』を修正したならば、クラウゼヴィッツは防御に関する自身の考えを変えたはずだと主張している。というのも、防御の優位という考えは、敵の撃破に関するクラウゼヴィッツの教えと矛盾しているからだ。ゴルツは「防御に徹する者は戦争を仕掛けることはない。戦争に耐えるだけだ（中略）運命によって攻撃を行う側に立てる兵士はなんと幸せなことか！」と論じている。

　ところが実際には一九一四年以前の戦略家たちは「敵を軍事力で打ち破る決戦」というクラウゼヴィッツ主義やナポレオン流の考えに夢中になっていた。これはクラウゼヴィッツが多くの頁を費《つい》やして論じた「殲滅戦」（*Vernichtungsschlacht*）という概念である。つまり防御の優位に関するクラウゼヴィッツの教えだけではなく、クラウゼヴィッツの理論ではさらに重要な「二種類の戦争」という考えも放棄されていた。

　一九〇〇年頃までにはヨーロッパにおいて戦争は総力戦にはならないという考えは軽視されるようになっていた。フォン・デア・ゴルツは、自分の同胞であるドイツ人たちが戦争に対して持っていた一般的な見解を以下のように表現している。

もし、ヨーロッパの主要な二カ国が衝突した場合、ただちに互いの全総力を挙げて争いの勝敗を決することとなろう。同盟間戦争になることを忌《い》み嫌った結果として、すべての政治的配慮は消え去ることになる（中略）すべての精神力は生死をかけた戦いに注ぎ込まれ、双方の国民たちの間に存在する理性は互いを破壊することにつぎ込まれるだろう。

そしてこのような見解がドイツ人だけに限られたものではなかったことは、フォッシュを見ればわかる。フォッシュによれば「今後、戦争の目標を達成するためには、極限の状態まで進まなければならない。いまや破れた側がようやく負けを認めるのはすべての報復手段が尽きてからとなったため、相手の報復手段を破壊することも目指さなければならなくなった」のだ。ところがもし今後の戦争が総力戦のようなものになるのであれば「戦争とは単なる政策の手段」であり「軍は政治指導者からの指示に従わなければならない」というクラウゼヴィッツの教義はどうなってしまうのだろうか。

　これらはクラウゼヴィッツの教義の中でも基本中の基本であるため、誰もが無視できない矛盾であった。しかもモルトケとビスマルクの間で一八七〇年に生じた戦略の方向性についての対立は、クラウゼヴィッツの教義がもたらした政軍関係の問題としてよく知られた一例となっている。ゴルツはこの点を無視せずに、実に巧妙な解決策を見つけ出した。

> 戦争はつねに政策に仕えるものである（中略）理にかなった政策なしには、戦争における成功は不可能である。したがって、戦争の重要性そのものが減少することは決してないだろう（中略）ただしそれは、軍の最高司令官と国家の指導者が戦争はいかなる状況においても政治の目的を達成することに資するものであり、それが最も達成されるのは敵の完全な敗北によってであるという共通認識を有している場合だけだ。

　このような考えに従えば、政治家には選択肢がほとんど残されていないことになる。数十年後、同じような見解は、ライン川の向こう側のフランスの軍事史家でもある、ジャン・コラン将軍（Jean Colin）によっても示されている。コランの著書である『戦争の変容』（*The Transformations of War*）は、一九一一年に出版されている。

> 現代の戦争に関して、自軍および敵軍の双方を取り巻く状況を考えると、重大な決断は戦闘によって下されるということから逃れることはできない。作戦域全般に存在している二つの軍隊が互いを目指して行軍すれば、勝利以外に考慮される問題はない。よって戦争の政治的目的について政府が将軍に与えるべき指示は、きわめて些末《さまつ》な事項でしかない。い

> ったん戦争が始まれば、将軍にとって絶対的に必要になるのは、戦争を自分の裁量で自由に遂行することだ。ただし、わずかな気力と能力しか使えないのであれば将軍の職を解かれることになるというのがその条件となる。

こういった予言は、すべて現実のものとなった。二〇世紀初頭のヨーロッパにおける社会的および物質的な状況下では、軍隊が「制限戦争」を戦うことは単純に不可能となっていたからだ。フリードリヒ大王が軍隊の活動において実際に行ったことでクラウゼヴィッツが称賛したような細かい政軍関係の調整が実際に可能であったとしても、クラウゼヴィッツの「独特な三位一体[2]」の第三の構成要素である「国民の激情」のおかげで、そのような調整はすでに不可能となっていた。

民主主義的な思想が広まることによって、国家は戦争を避けるようになるのではなく、むしろ好戦的になった。そしてクラウゼヴィッツが予想した通り、戦争は総力戦の様相を帯びてきて、理論上の「絶対戦争」へと近付いてきた。

リデルハートのようなクラウゼヴィッツの批判者たちは、第一次世界大戦、とくに西部戦線

---

(2) レクラム版、四七頁。

が破壊的で多大な流血を伴《ともな》うものとなったのは、クラウゼヴィッツ思想の影響に原因があると非難するようになった。なぜならそれが、繊細さを欠く戦略思想、いかなる代償《だいしょう》を払ってでも目標を達成するという軍部の徹底的な覚悟、そして大量の死傷者が出るのは軍事面における無能さではなく、精神力の強さを示すものとしてむしろ喜んで受け入れることにつながったからだというのだ。

　クラウゼヴィッツを擁護する者は、次のように反論できたかもしれない。つまり当時の状況を考慮すると、戦争は「知的・身体的諸力の適合されたものであるが、主として後者によって遂行される」ものであるが(3)、この戦争のみが唯一の解決方法であったという議論だ。また、どれほど軍事力をうまく用《もち》いても、いくつかの政治目的は決して安価に達成することはできなかったと議論できる。その政治目的とは、ハプスブルク帝国を維持または崩壊させ、ヨーロッパにおけるドイツの覇権を確立または阻止し、イギリスの海洋支配を維持すること、そしてフランスの領土を保全することなどだ。

　もしクラウゼヴィッツ自身が反論するのであれば、以下のような戦争の遂行と社会環境を関連づけた『戦争論』の中の一節を読むように促《うなが》したかもしれない。

　それぞれの時代に、その時代に独特の戦争があり、その時代の独特な制約条件があり、ま

> たその時代の独特な拘束があった（中略）すなわち、それぞれの時代の事象は、その時代の特殊性を考慮して判断されなければならない。そして（中略）それぞれの時代にみずからを置き、重要な要因を正しく観察し得る者だけが、初めて当時の将軍を理解し、評価することができる[4]。

第一次世界大戦があのような悲惨な戦争となったのは、ヨーロッパ諸国の主要な軍人たちがたまたまクラウゼヴィッツを読んでいたからではなく、その当時の社会的・政治的な構造に原因があったからだ。

戦争の遂行に関するクラウゼヴィッツの提言は、たしかにモルトケやモルトケの弟子を通じて解釈されたものだが、それでも正当な批判を受ける余地はある。しかしクラウゼヴィッツが行った分析そのものにはほとんど欠点がない。当然ながら、クラウゼヴィッツの教義のこの部分がマルクスとエンゲルスに強い感銘《かんめい》を与えたのであり、そしてこれが引きつがれてレーニンとトロツキーたちにも影響を与えた。

（3）　レクラム版、一〇六頁。

（4）　レクラム版、三二〇頁。

戦争は政策の手段であり、政策は基本的な社会的要因によって生み出されたものであって、これらの要因をあらかじめ理解しておくことによってはじめて妥当な軍事ドクトリンを生み出すことができるのである。マルクス・レーニン主義の教義では、科学的な知見をこのような「物質的要素」に還元《かんげん》することができると信じられていたし、実際にそうであると信じられている。

クラウゼヴィッツはレーニンの著作の中で頻繁《ひんぱん》に言及されており、かつ過度にほめたたえられているが、その狙いはブルジョワ階級出身の軍人であるクラウゼヴィッツの考えを、マルクス・レーニン主義者が受け入れられるようにするためであった。これは神学者であったアクィナスが、アリストテレスに敬意を示すことで異教徒の哲学者であるアリストテレスの考えを中世のキリスト教会が受け入れられるようにしたのと同じ構造である。

ロシア革命と内戦の後にソビエト連邦で再編成されたソ連軍では、戦争の政治に対する関係について、クラウゼヴィッツの教義が軍事思想の基礎として取り入れられることになった。ソ連軍のほとんどの教科書では、この点に関して少なくとも何らかの言及をしているものばかりであった。

ところが一九一八年以降の西洋諸国では、クラウゼヴィッツの戦争と政治の関係性に関する教義は邪悪で破滅を招くものと捉えられた。イギリスとアメリカの自由主義者によって頻繁に誤って引用される「戦争は他の手段をもってする政策の延長にすぎない」[5]というクラウゼヴィッツの格言は、本格的な政治分析ではなく、軍事についての皮肉な見方を証明する不都合な証拠として捉えられた。

クラウゼヴィッツの戦略的な教義をとくに激しく批判したのは、イギリスの戦略家たちであった。彼らはすでにイギリスでは戦争を行う上で大量殺戮以上に効果的かつ人道的な方法が発見されており、逆にヨーロッパ大陸国の戦略家たちはクラウゼヴィッツの教えを無批判に受け入れたからこそ大量殺戮へと至ったのではないかと考えたのだ。

イギリスでは一九一四年以前から、『戦争論』において海戦や経済戦争に関する考察が全くないことがすでに指摘され、批判されていた。しかし二〇世紀が始まるとドイツとの戦争の可能性が高まってきたことから、一八一五年以降では初めてとなるヨーロッパ大陸での大規模な戦争に備えるため、精神的および物理的な準備が必要となってきた。

スペンサー・ウィルキンソン（Spenser Wilkinson）やF・N・マウド（F. N. Maude）のようなイギリスの軍事思想家たちは、ヨーロッパ大陸での戦争に関するフランス語とドイツ語の両方の文献を研究したことによって、ただちにクラウゼヴィッツを読む必要に迫られた。

(5) レクラム版、四四頁。

『戦争論』の初の英訳版はすでに一八七三年に出版されていたが、一九〇八年に再版されると多くの賞賛を得ることになった。そして一九一四年までにイギリス軍の指揮官たちには、他のヨーロッパ大陸国の軍隊と同様に、精神力の優位や、敵軍の重心を見つけること、そしていかなる犠牲を払っても決戦で敵を打ち破ることの必要性という考えが浸透していた。そして同時代のヨーロッパ大陸の軍の指揮官たちと同じように、イギリス軍の司令官たちも、戦闘は流血と犠牲を強いるが短期で終了するものだと信じていた。

ところが第一次世界大戦における一連の戦闘によってこの考えが誤りであることが証明されると、彼らは恐ろしい長期戦に没頭せざるを得なくなり、クラウゼヴィッツによって指揮官が持つべきものとされた平静な決意だけが必要とされるようになった。当時広く行きわたっていた考えに反対した者たちは、犠牲の少ない方法で勝利は達成可能であり、「特別な技巧を用いて敵戦闘力を直接に壊滅することなく、間接的に一層大きな壊滅を与える」[6] ことができると訴えたのだが、結局この声は無視された。

このような主張は、当時（そしてそれ以降も）イギリスの西部戦線における戦略を批判する人々が行っていたものであった。たとえば一九一四年以前では、海軍史家のジュリアン・コーベット（Julian Corbett）が、イギリスは何世紀もかけて「海洋戦略」（maritime strategy）を発展させてきたのであり、これはクラウゼヴィッツが発展させた大陸国家の戦略とは大きく異なるものであると指摘している。

この海洋戦略は、海軍力を駆使して大陸の敵国家に直接的な経済圧力を加えつつ限定的な軍事介入を行うことで構成されるという。後者の限定的な軍事介入はウェリントン将軍がナポレオン戦争中にイベリア半島で行っており、その効果は全体的な規模に比べると小さかった。

この海洋戦略は、第一次世界大戦以前にイギリス海軍が提唱していたものであり、イギリス陸軍が支持した即時かつ大規模な大陸への介入という戦略とは対立するものであった。結局のところ、海洋戦略は採用されなかった。

しかし一九一四年末に西部戦線が膠着《こうちゃく》状態に陥《おちい》ると、この海洋戦略は復活し、ダーダネルス戦役〔ガリポリの戦いのこと〕に乗じて実施された。この戦略の立案者たちは、実際のところこの戦役を「特別な技巧を用いて敵戦闘力を直接に壊滅することなく、間接的に一層大きな壊滅を与える」[7]ものだとみなしていた。ところがダーダネルス戦役は戦術的に失敗したため、この「間接」戦略が本当に期待されていた効果をもたらしたのかどうかを判断することは不可能となってしまった。

---

(6)　清水多吉訳『戦争論』中央公論新社、二〇〇一年（以下、清水訳）、上巻、三三二頁。

(7)　清水訳、上巻、三三二頁。

いずれにせよ、この戦い以降から大戦終結に至るまで「大陸的」な戦略へ回帰したことによってもたらされた損害が大きかったために、イギリスでは年を経るにしたがって「より人道的で経済的に勝利を達成する方法があったに違いない」という見解が強まってきた。

このような見解は、戦略家のＢ・Ｈ・リデルハートの理論によって明確にされた。リデルハートの『戦略論――間接アプローチ』（*The Strategy of the Indirect Approach*）や『イギリス流の戦争法』（*The British Way in Warfare*）という著作は広く読まれることになり、一九三〇年代のイギリスの政策形成過程において非常に大きな影響を持つことになった。

ソ連ではクラウゼヴィッツは戦略家として神格化され、ドイツでは深く崇拝され続けていた（実際クラウゼヴィッツはナチス時代にほぼ偶像視されていた）のに対して、イギリスではクラウゼヴィッツの教えは軽視された。それが見直されるようになったのはようやく最近になってからだ。

戦間期における戦略思想の最大の革新は、エアパワーの発展であった。その発展を推し進めた軍事思想家たちはクラウゼヴィッツの議論を利用していたが、クラウゼヴィッツの名前を挙げた者はほとんどいなかった。

このような思想家たちは、クラウゼヴィッツの「重心」（the centre of gravity）という考えを使うことから始めた。彼らの議論によれば、第一次世界大戦の経験によって示されたのは、もはや敵軍の中には敵国の重心は存在しないということだ。いまや戦争において最も重要な要素は敵国民の精神となった。つまり敵の崩壊は、軍の敗北ではなく銃後の国民が分裂したことによって引き起こされたのであり、まずはロシアが崩れ、次にドイツおよびオーストリアといった国々がこれに続いた。

また、エアパワーの発展によっていまや重心を直接攻撃することが可能となった。つまり「すべてがこの点から発するような一つの重心、すなわち力と運動の中心」に対して「あらゆる力をもって（中略）打撃しなければならない」ことになったのだ。(8)

そして第二次世界大戦では、従来の陸・海軍がエアパワーの論者たちの主張を拒《こば》んで論争が発生したため、連合国軍が下す決断は類を見ないほど複雑なものとなった。この大戦は、あらゆるレベルでクラウゼヴィッツ式の分析が有効となった。日本を除けば、あらゆる面において政治が戦略的な決定を完全に支配していたからだ。

クラウゼヴィッツは、ヒトラーが戦争の初期段階に自国の軍事力を政策の手段として用いようとしたことについては賛同したはずだ。だがヒトラーの目的は本質的に無制限なものであったため、ドイツの戦争遂行能力をはるかに超えて総力戦的なものになったと指摘したはずだ。

---

(8)　レクラム版、三二二頁。

また、連合国軍の戦略を形成する際の世論の重要性についてもコメントしたはずだ。そしていったん世論が湧《わ》きあがれば「無条件降伏」を求める政策がほぼ不可避なものとなったことや、大戦の最後の年に西側諸国が自らの利益を守ろうとして対ソ政策を見直すことができなくなっていたことについても指摘しただろう。民主国家の政府は、フリードリヒ大王の時代を特徴付けていたような政軍関係の微調整を行うのには適していない。

またクラウゼヴィッツは、連合国側が敵の「重心」がどこにあるのかを決定する際に直面した問題、つまりアメリカ軍の最高司令部が一九四一年に行った決定、すなわち目前の敵である日本ではなくその最も強力な同盟国であるドイツに「重心」があると決定したことについて、実に興味深い様子で指摘したはずだ。

何よりもクラウゼヴィッツは——第一に全般において、そして決勝点において——敵よりも強力であるべきだという主張の論拠をいくつも見つけることができたはずだ。結局のところ、戦争に勝利できたのは、圧倒的に優位な戦力を用いることができた側だったからだ。

核兵器の出現は、当初は戦略思想に抜本的な変化をもたらすものではなかった。第二次世界大戦中の「エアパワーを提唱する人々」と「伝統的な戦略を重視する戦略家たち」との対立は、結果的には陸上兵力によって解決されたからだ。陸上兵力の役割は領土を奪い取ることであり、この奪い取った土地からドイツと日本の両国に対する空襲を行い、最終的には両国の抵抗する意志だけでなく、抵抗する能力までも打ち砕いたのだ。

エアパワーの運用には陸軍力と海軍力の双方とも必要であり、核の時代が到来してからの最初の数年間もこの状況に変化はなかった。なぜならアメリカの核兵器をソ連に対して使用するためには、敵からの攻撃に脆弱《ぜいじゃく》な有人爆撃機に頼るしかなかったのであり、この爆撃機の基地、なかでも西ヨーロッパにある基地は、敵の地上からの攻撃から守られる必要があったからだ。

ところが想像も及ばないような破壊力をもった水素爆弾が開発され、その後に大陸間弾道ミサイルが開発されると、戦争の遂行方法に全く新たな可能性が登場した。なぜなら敵軍を敗北させることなく、敵国の抵抗する意志を完全に打ち砕くことが実現可能となったからだ。

これが意味するのは、クラウゼヴィッツが定義する「絶対戦争」が、もはやプラトンの「イデア」（理念）のようなものではなく、現実に発生しうるものとなったということだ。いまや戦争は「ただ一回の打撃」で決着をつけることが可能となったのである。(9) クラウゼヴィッツは以下で、まるで予言者のようなことを述べている。

---

(9) レクラム版、二一九頁。

戦争が、ただ一回あるいは同時に行われる一連の決戦からなるとすれば、一回失敗すれば決して回復できないので、決戦に対するすべての準備は当然極限に至る傾向を持つであろう。そうなると現実の世界からは、せいぜいわれわれが知る限りの敵の準備が、われわれの取るべき対策の尺度として与えられるが、残りはすべて再び抽象の世界に戻ってしまう。(10)

このクラウゼヴィッツの言葉は、一九四九年から一九八九年にかけての「冷戦」中に発展した核戦略について、気が滅入るほど正確に言い表している。

クラウゼヴィッツはこのような状況が実際に現れることは決してないだろうと主張していた。なぜなら「すべての効力を同時に発揮できないのは、また力と力の使用の特性である。この力とは、本来の軍事力、面積と人口から成る国土、ならびに同盟諸国である」からだ。(11)

このように広範囲にわたってさまざまな資源が用いられるため、戦争は長期的で予測不可能な活動となるのであり、摩擦《まさつ》や不確実性という要素が発生するため、戦争が絶対的なものになることを未然に防ぐというのだ。

こういった要因は「絶対戦争」を抑制《よくせい》するものとして戦争に内在していたものであるが、いまやすべて取り除かれ、歴史上初めて完全な「絶対戦争」が現実的に実現する可能性が出てきたのである。しかもこれはクラウゼヴィッツが予想した国民の激情を解き放つことではなく

（この要因によって二度の世界大戦が「総力戦」となったのは確実であるが）、クラウゼヴィッツや同時代の真摯《しんし》な軍事思想家の誰もが考えていなかった要因、つまり技術《テクノロジー》という要因によってなのだ。

　クラウゼヴィッツが生きていた時代においては、現実の世界に存在する制約のおかげで戦争の遂行は制限されていたため、この制限は人間の努力によって超越する必要があった。ところが現代では戦争を抑制するためにこういった制限を人間の努力によって課す必要が出てきたのだ。

　前述したように、クラウゼヴィッツ自身は絶対戦争を抑制する二つの制約を特定していた。一つは「摩擦」による抑制機能であり、これは戦争に内在するものだ。もう一つは「政治目的」でありこれは戦争の外部に存在する。この政治目的とは、戦争が発生する理由となった政治的状況や、戦争で達成しようとする政治的状況の両方を含むものだ。

　したがって、他のあらゆる種類の戦争と同じように、クラウゼヴィッツの忠告は核戦争においても有効である。それは「戦争によって、また戦争において、何を達成するのかを知らずし

---

(10)　レクラム版、二九頁。

(11)　レクラム版、三〇頁。

て、戦争を開始する者はいない」というものだ[12]。

だからこそ政治目的、すなわち戦争の目的（*Zweck*）は、クラウゼヴィッツの生きていた時代よりもさらに重要なものとなったのである。

しかしクラウゼヴィッツは、政治目的が十分に立派なものであれば、軍の指揮官は「人間の弱さ」という、通常は戦争を制限する壁を打破できるようになると思い描いていた。ところが核時代にはその軍事行動を制限するために政治目的をしっかりと心にとどめておかなければならなくなった。なぜなら軍事行動の持つ破壊性は、制限がなければクラウゼヴィッツが全く思いつきもしなかったような極限の状態まで急速にエスカレートするからだ。

これこそが、核抑止の理論の本質であった。この理論の前提にあるのは「自国を核兵器で大規模に破壊されることに見合うほどの政治目的は存在しない」ということだ。クラウゼヴィッツの言葉を借りれば、だからこそ勝利に「過大な代価」[13]を課すことが可能となったのである。

またここで注目すべきなのは、相手と戦闘を交えないことが実際の戦闘と同じくらいに重要であるというクラウゼヴィッツの主張と、「核抑止」という概念との関連性である。核抑止の本質は、そのほぼすべてが相手と戦闘を交えないことの効果の計算によって成り立っているからだ。

効果的な抑止態勢とは、敵が軍事手段によって達成する可能性がある政治目的に対して、きわめて厳しい制限を課すことだ。これは、敵が政治目的を達成するために使用する可能性が高い手段についても同じことが言える。

クラウゼヴィッツの思想は、これとは違った意味でも核戦争の問題に関連性を持っている。たとえばいかなる国際紛争においても、当面の政治目的は領土の支配となる。その根本的な原因がイデオロギーの対立に求められるような場合や、勢力均衡《バランス・オブ・パワー》が崩れることへの不安という場合であっても、領土の支配という目的は、第一次世界大戦中にドイツとイギリスの両国がベルギーを自国の支配下に置こうとしたことにも見られるように、ほぼ確実に政治目的として選ばれるものだ。つまり領土の支配という目的は「政治的目的と同等の価値を有し、また講和の際に政治的目的の代わりになり得るような目標」である[14]。

だからこそ、その戦争が領土の支配をめぐる争いから生じなかったとしても、そういった争いに変化する可能性は高い。そしてそれはこの争いの背景に領土の支配以上の意味合いが含まれていても変わらない。すると戦略においてすぐさま領土と軍隊という伝統的な要素が再び考

(12)　レクラム版、二九七頁。
(13)　レクラム版、五〇頁。
(14)　レクラム版、三三三頁。

慮されるようになり、この二つの要素とともに「摩擦」という不気味なものも復活するのだ。そしてクラウゼヴィッツが分析したことは、このような状況が一五〇年前のものであっても、さらには一五〇〇年前のものであっても、重要な価値を持っていると言える。

ところが領土の支配は現地住民の支配を伴うものでもあり、この点においてもクラウゼヴィッツの見識には変わらぬ価値がある。民衆の戦争参加に関するクラウゼヴィッツの教えのエッセンスは「民衆の武装」（この言葉は文脈を無視され、ほぼつねに誤った引用がなされている）というタイトルの有名な章〔第六編第二六章〕の中には見当たらない。そのエッセンスは、クラウゼヴィッツが長期的な政治プロセスについて述べている箇所にある。

この長期的な政治プロセスのおかげで、国民の戦争参加は好むと好まざるとにかかわらず不可避なものとなった。なぜなら国民は自らの政治的な運命が頭越《あたまご》しに決定されることを次第に許容できなくなったからだ。

毛沢東をはじめとする革命戦争の理論家たちは、こういった社会的な側面を最重要視しているが、これは「解放戦争」という文脈においてのみ意味を持つものだと言うこともできるだろう。ただし戦略家にとっては、いかなる状況下においてもこの社会的な側面の重要性を無視するのは危険である。

この点においてマルクス主義の軍事思想家たちは、技術や地政学に心を奪われていた西側の軍事思想家たちよりも、戦争における重要な課題についてははるかに現実的な理解をしていた。国民がいざ自国を守ろうとしても、その準備を怠《おこた》っていれば、長期的に見てその国民が守られるはずはない。そして国民が外国の占領を無制限に黙認《もくにん》し続けるつもりがなければ、その占領を長期にわたって継続することは不可能となるからだ。

　クラウゼヴィッツにならって、本書でも戦争を「独特な三位一体[15]」と描写して終わらせるのがよいだろう。「独特な三位一体」とは以下のようなものだ。

> 一つには、盲目的な本能とさえ見なし得る憎悪や敵意を伴った本来的暴力行為、二つには、戦争を一つの自由な精神活動たらしめる確からしさや偶然性の賭け、そして三つには、戦争が純然たる知性に帰属する政策のための手段であるという従属的性質という三つの要素からなる。この三つのうち第一の側面はより多く国民に向けられ、第二はより多く将軍とその軍隊に向けられ、そして第三は政府に向けられる（中略）まったく異なった法則に従うように見えるこの三つの傾向は、対象とする戦争の本質に深く根ざしており、また同時に異なった大きさを持っている。一つの傾向を考慮に入れなかったり、あるいは三つの傾

(15)　レクラム版、四七頁。

向の間に勝手な関係を定めようとする理論は、たちまち現実との矛盾に陥り、それだけでもまったく役に立たないように思われるにちがいない。(16)

これがクラウゼヴィッツの結論であった。この結論は、現代の戦略家が戦争について分析を始めるにあたっての良い出発点となるものだ。

(16) レクラム版、四七頁、強調は引用者による。

関連文献

本書で使用したマイケル・ハワードとピーター・パレットによる英訳版の『戦争論』（*Clausewitz On War*, Princeton, 1976）は、一八三二年の初版を原本としている。

それ以前の英訳版は改ざんされたものを底本としており、一八七三年にロンドンで初版が出版されて一九〇八年にF・N・マウドによるイントロダクション付きで再版されたJ・J・グラハム（J.J. Graham）の初の英訳版や、一九四三年にニューヨークで発刊されたO・J・ジョールズ（O.J. Mathijs Jolles）によるものがある。

グラハム訳の要約版が一九六八年にペンギンブックスからアナトール・ラパポート（Anatole Rapoport）の序文つきで出版されたが、『戦争論』の中で時代的に最も直接的に関連する部分だけを抽出《ちゆうしゆつ》するという編集者の意図は、クラウゼヴィッツの思想について実に深刻な脱落と歪曲《わいきよく》をもたらした。

英語以外の言語を読むことができない読者は、ピーター・パレット教授の『クラウゼヴィッツ――『戦争論』の誕生』（白須英子訳、中央公論新社、二〇〇五年）（原書は *Clausewitz and the State*, OUP, 1976）を読むだけで十分である。この本は権威ある伝記であり、あらゆる言語におけるこれまでのクラウゼヴィッツの思想の研究をすべて時代遅れにした包括的な研究だ。さらに広い文脈の中でクラウゼヴィッツの思想に迫ったアザー・ガットの本はこれを補完するものとなっている（Azar Gat, *The Origins of Military Thought from the Enlightenment to Clausewitz*, OUP, 1989）。

パレット教授はダニエル・モランとともに、一九九二年にクラウゼヴィッツの歴史的・政治的著作の論文集を出版している（Peter Paret ed., Daniel Moran trans., *Historical and Political Writings*, Princeton, 1992）。

ドイツ人以外の学者によるクラウゼヴィッツの思想と影響に関するもう一つの包括的な研究としてはレイモン・アロン（Raymond Aron）による『戦争を考える――クラウゼヴィッツと現代の戦略』（佐藤毅夫・中村五雄訳、政府広報センター、一九七八年）（原書は *Penser la guerre, Clausewitz*, 2 vols., Paris, 1976）がある。英語圏におけるクラウゼヴィッツの受容に関する貴重な分析としては一九九四年のクリストファー・バスフォードの『英語圏のクラウゼヴィッツ』

（Christopher Bassford, *Clausewitz in English: The Reception of Clausewitz in Britain and America 1815-1945*, OUP, 1994）がある。より一般的な研究としてはマイケル・ハンデルのもの（Michael Handel ed., *Clausewitz and Modern Strategy*, Frank Cass, 1986）がおすすめだ。

　これらを除けば、すべての本格的な研究はドイツ語で行われており、パレット教授は論文で包括的な書誌調査のガイドを提供している（*World Politics*, 18/2, Jan. 1965）。『戦争論』の原本については、ヴェルナー・ハールヴェーク（Werner Hahlweg）教授の校訂による『戦争論』（*Vom Kriege*, Berlin, 1952）によってそれ以前の版はすべて置き換えられ、これはその後も頻繁に改訂されている。ハールヴェーク教授はまた、『カール・フォン・クラウゼヴィッツ』（*Carl von Clausewitz, Verstreute Kleine Schriften*, Osnabrück, 1979）の中で、あまり知られていない作品の多くをまとめている。

　最も包括的な最近の研究は、ヴィルヘルム・フォン・シュラムによるもの（Wilhelm von Schramm, *Clausewitz, Leben und Werk*, Esslingen, 1977）だ。クラウゼヴィッツの作戦に関する研究、とくに一八一二年の研究（邦訳版は金森誠也訳『クラウゼヴィッツのナポレオン戦争従軍記』ビイングネットプレス、二〇〇八年）は英語にも翻訳されているが、クラウゼヴィッツの著作をすべて包括した本はまだ作られていない。

監訳者解説とあとがき

本書は、マイケル・エリオット・ハワード卿（Sir Michael Eliot Howard）による *Clausewitz: A Very Short Introduction*（Oxford University Press, 2002）の完全日本語版である。

原著のタイトルからもおわかりのように、本書はオックスフォード大学出版による「超短入門シリーズ」（Very Short Introduction）のひとつとして二〇〇二年に出版されたものだが、その実態は一九八三年に同社からペーパーバック版として出版されていた『クラウゼヴィッツ』（*Clausewitz*）を、そのまま体裁を替えて出したものだ。したがって、本書の中身そのものが書かれたのは一九八〇年代前半であり、その文体には当時の「新冷戦時代」の雰囲気が実に色濃く反映されている点に留意していただきたい。

マイケル・ハワードといえば、イギリスを代表する歴史学者や戦史家として世界的にも有名な人物だ。二〇一九年に九七歳で亡くなったが、その一世紀近くにわたるキャリアは実に興味深いものであり、詳しい解説は石津朋之氏の『大戦略の哲人たち』（日本経済新聞出版社、二〇一三年）にあるので、ご興味のある方はそちらを参考にしていただきたいのだが、本書でも簡単に紹介しておきたい。

一九二二年にイギリス南部のドーセットの裕福なドイツ出身のユダヤ系の家庭に生まれたハワードは、名門の私立寄宿舎高校であるウェリントンカレッジで学んだ後にオックスフォード大学の名門クライスト・チャーチ校で学んでおり、在学中に第二次世界大戦に参戦している。長い歴史を誇るイギリス陸軍の「コールドストリームガーズ」という連隊の士官として従軍しており、イタリア戦線で戦い、二度の負傷を経験して軍事勲章（ミリタリー・クロス）を授与されている。

戦後は大学に戻って学士号を取得しており、これが後に修士号に格上げされた。博士号はとらずに一九四七年よりロンドン大学キングス・カレッジに赴任し、当初は「一七世紀の歴史研究者」としてキャリアをスタートさせたが、従軍経験と当時の冷戦を背景に、イギリス社会の上層部との密接なコネクションを使って「戦争学部」を創設している。

一九六四年には同学部初の正教授に就任しており、一九七〇年にオックスフォード大学に異動してからはオール・ソウルズ・カレッジのチチェリー講座教授（一九七七—八〇年）、現代史欽定講座教授（一九八〇―八九年）などを歴任し、その後はオックスフォード大学との関係を保ちつつ、アメリカにわたってイエール大学歴史学部の軍事史・海軍史講座担当教授として赴任、一九九三年に退職している。

彼の戦史家としての名声を確立したのは、なんといっても一九六一年に出版された『普仏戦争』（*The Franco-Prussian War: the German Invasion of France, 1870-1871*）であり、この本でハワードはドイツの歴史家・政治家であるハンス・デルブリュックにならう形で、従来の軍事史における戦術面に絞られた狭い分析ではなく、その背後にある社会や政治制度に注目するように促して脚光を浴びている。

その後は邦訳もされている『ヨーロッパ史と戦争』（奥村房夫・奥村大作訳、中央公論社、一九八一年、原著は一九七六年）や『戦争と知識人』（奥村房夫訳、原書房、一九八二年、原著は一九七八年）のように、欧州のリベラルな社会的背景における戦争の位置づけを問う学術的な著作から、イギリス政府が第二次世界大戦の正史として一九七〇年に刊行した『大戦略』（*Grand Strategy, August 1942 - September 1943*, Volume IV, Grand Strategy series, History of the Second World War）に関わっただけでなく、現実の問題として核戦略に関しても論文を書くなど、歴史を中心としながらも、その関心は戦略論や核戦略など多岐にわたっていた。

ハワードは実務家としても優れた働きをしており、最初に教えたロンドン大学のキングス・

カレッジで「戦争学部」（the Department of War Studies）を創設したほかに、毎年シンガポールで開催されている「アジア安全保障会議」（通称：シャングリラ会合）を主催して、世界各国の軍備のデータをまとめている『ミリタリー・バランス』（Military Balance）を出版していることで知られる世界的な英国のシンクタンクである「国際戦略研究所」（the International Institute for Strategic Studies: IISS）の一九五八年当時の共同創設者となっている。

英語圏における戦史・戦略研究などにおいて絶大な影響を与えたほか、数々の研究者も育てている。たとえば一九八〇年代から活躍しており、日本でも近年『戦略の世界史』（貫井佳子訳、日本経済新聞出版社、二〇一八年）の著者として話題になったローレンス・フリードマンを自身の創設したキングス・カレッジの戦争学部の後継者に据えたほかに、『文明と戦争』（石津朋之ほか監訳、中央公論新社、二〇一二年）でも知られるイスラエルの歴史家アザー・ガット、そしてロンドン大学の戦略学者であるクリストファー・コーカーなどがハワードのもとで学んでいる。

このように、英語圏における戦史・戦略研究、そして安全保障論において数々の功績を持つハワードだが、そのうちの一つとして無視できないのが、クラウゼヴィッツ研究者という側面である。というのも、ハワードはドイツ出身で長年アメリカで活躍した研究者であるピーター・パレットとともに、クラウゼヴィッツの主著『戦争論』の英語版を普及させたことで世界的に知られているからだ。その英訳版が出版されたのは一九七六年であり、本書のもととなる本の刊行が一九八三年であることから、本書はクラウゼヴィッツを訳し終えたあとのハワードの『戦争論』に対する考え方のエッセンスをまとめたものと捉えることもできる。

本書の特徴

このようなハワードによって書かれた本書であるが、その特徴は、大きく見れば三点ある。

第一は、本書が「クラウゼヴィッツ・ルネサンス」と呼ばれる現象の中心に位置していた研究者による、クラウゼヴィッツとその主著『戦争論』に関する小論であるという点だ。ただし原著の本文がたった八〇頁ほどしかない「小論」であったとしても、エッセンスは実に凝縮《ぎようしゆく》された優れたものであることは言うまでもない。

たとえば同じくオックスフォード大学出版の「超短入門シリーズ」で出版され、邦訳も出ている『第一次世界大戦』（馬場優訳、法政大学出版局、二〇一四年）があるが、こちらも一読していただければわかる通り、実に簡潔ながらも膨大な歴史的事象の背景や本質に迫る優れた著作である。余談だが、本稿を書いている監訳者である私も、イギリスで何度かハワードの生前の講演を聞く機会があったが、つねに簡潔にエッセンスを語るため、与えられた時間よりも話を短くまとめる、学者としては実に珍しいタイプであったことが印象的だった。

上述したように、この「クラウゼヴィッツ・ルネサンス」は、一九六〇年代から八〇年代にかけて主に西洋諸国（英米仏独）の軍事・安全保障系の学者たちの間で起こったクラウゼヴィッツの見直し運動である。その背景には、通常戦争であるベトナム戦争が起こり、アメリカが戦略的にその介入に悩んでいたという事情がある。

そのような状況下で、ハワードとパレットがタイミングよくベトナム戦争終結直後の一九七六年に『戦争論』の平易な英語訳を出版したわけだが、この英訳版は研究者だけでなく、アメリカをはじめとする国防関係者たちの間でもベストセラーとなり、ハワード自身はこの印税で余裕で家が買えたと証言しているほどだ。実際のところ、アメリカの軍の教育機関でもその直後から一九八〇年代初期にかけてクラウゼヴィッツの『戦争論』がカリキュラムに積極的に取り入れられている。

またその象徴的な存在として一九八二年にアメリカ陸軍の元士官であり自らもベトナム戦争に従軍したハリー・サマーズ（Harry G. Summers）が『戦略論——ベトナム戦争についての批判的分析』（*On Strategy: A Critical Analysis of the Vietnam War*, Random House, 1982）という本を出版しているが、クラウゼヴィッツの戦争論に出てくる「三位一体」（政府・国民・軍隊）の概念を使ってベトナム戦争を分析している。自身が朝鮮戦争とベトナム戦争に従軍した経験のあるサマーズは、とくに後者におけるアメリカ政府や軍が、戦争において致命的となる「国民」の情熱を動かせなかったと分析している。

もちろんこのシンプルすぎる戦略分析は多くの批判にさらされることになったが、その当時にアメリカの軍事関係の識者の中で新たな知的インスピレーションとしてクラウゼヴィッツの『戦争論』という古典が再発見され、それが受け入れられ始めていたことを知れるという意味で興味深い例である。

ハワードの本書もそのような政治状況の中で出版されたものであり、しかもレーガン政権が発足し、ソ連とのいわゆる「第二次冷戦」が始まっていた時期に出版されたというタイミングに注目すべきだ。ベトナムでの敗北とソ連のアフガニスタン侵攻、そしてそれに続くレーガン政権による新たな戦略思想を求める動きの中で、政治の優位を強調していたクラウゼヴィッツの「戦争論」が新たな福音書となったのである。

第二の本書の特徴は、ハワードがクラウゼヴィッツと『戦争論』を分析する際に、ハワードの特徴である社会的な文脈という側面から分析するアプローチをとっている点だ。本書の中でとりわけそれが色濃く出ているのは、第一章のクラウゼヴィッツの思想が形成された背景についての分析であろう。

たとえばクラウゼヴィッツが生きていたのは社会的に「科学の確実性」というものが軍事以外の分野で語られ始めていた時代であり、それが戦争勝利のための統一原理や科学法則に向かう動きに対するクラウゼヴィッツの疑念を生み出していたという指摘や、プロイセンが国民国家としては精神的にまとまりがなく、それゆえにクラウゼヴィッツに戦争における精神性の重要性の指摘に走らせたこと、そしてその「精神」においては戦争は芸術や美学に通じており、若い頃にそのような議論に触れていた点についての言及などは、実に有益な指摘である。

　また、本書の序論などで何度も強調されているように、クラウゼヴィッツの最大の関心は「フランス革命によって引き起こされた政治的な流れにどう対処すべきか」という点にあったと指摘していることも見逃せない。というのも、ハワード自身はクラウゼヴィッツが『戦争論』には時代を越えた普遍性があり、それが本書の最大のテーマであると序論の最後で断言しつつも、やはり時代や地域に限定された存在であることを強調するからだ。だからこそ、第二章の終盤で「戦争についての理論は、それがどのようなものであっても、社会および政治についての理論の一部として存在するものであり、政治という文脈において考慮されなければならない」と述べるのである。

　つまりハワードはクラウゼヴィッツの議論の普遍的な質を自覚しつつも、本業の歴史家として、それが生まれたローカルな文脈（コンテクスト）を分析の中心に据えるのだ。他の著書でもハワードは「歴史の教訓」というものが生まれることに懐疑的な態度を隠さないが、これは彼の歴史家としての矜持《きょうじ》なのかもしれない。クラウゼヴィッツの普遍的な分析の価値は認めるが、それはあくまでもあの時代のプロイセンの産物であることを忘れるな、ということだ。

第三は、本書もその冷戦という「核時代」の制約を色濃く残している点である。前述したように、戦争について社会的な背景や状況を強調した分析をして有名になったハワードであるが、自分自身も生きていた時代の産物であったことは否定できない。本書も明らかにその背景にある「米ソ冷戦」という文脈を色濃く残していることがその何よりの証拠だ。

とりわけそのようなことが読みとれるのが、最終章となる第五章の後半の核抑止に関する議論であろう。一般的に核戦略に関する議論は、第三章でも解説されているクラウゼヴィッツの「戦闘」や「流血」や「敵軍の破壊」の主張とは相容《あいい》れないように思われる。ところがハワードは、クラウゼヴィッツの「相手と戦闘を交えないことが実際の戦闘と同じくらいに重要である」という主張を引き合いに出して、クラウゼヴィッツの考え方は核抑止の理論の「自国を核兵器で大規模に破壊されることに見合うほどの政治目的は存在しない」という大前提にもつながるというのだ。

また同時に、ハワードは現代のあらゆる国際紛争においても「領土の支配」という目的はクラウゼヴィッツの時代だけに限定されない普遍的な現象であるとして、政治目的としてほぼ確実に選ばれるものと強調している。つまりハワードは歴史の教訓はないといいながらも、実際はクラウゼヴィッツの議論の中に自分が生きている「核時代」という現在につながる普遍性や教訓を見出そうとしている点は、矛盾とは言えないまでも、実に興味深い知的態度だと言えよう。

政治と戦争、精神と芸術

蛇足となってしまうが、本書でハワードが指摘した中で最も興味深いと思われる点について言及させていただきたい。それは、第二章における優れた戦略家の素質についての議論の箇所だ。

ハワードはクラウゼヴィッツが美学や教育論に関する議論に明るかったことを示しながら、戦略家や軍の指揮官（軍事的天才）は、兵備や資源という物理的な制約を受けながらも、その最終的な目的は相手を（心理的に）屈服《くっぷく》させることにあると指摘して、軍事における「精神」の要素を強調している。

とりわけ興味深いのが、戦略家を芸術家になぞらえた以下の指摘だ。

> 画家、彫刻家、もしくは建築家たちは、素材という物質を使いながら、無形で定量化できない精神を表現するものだ。素材という物質のおかげで、その表現が何らかの制約を受ける場合もある。だが少なくとも達人の手にかかれば、どんな物質を使っても表現が左右さ

れることはなくなる。

このハワードの言う「達人」は、戦争においては戦略家や軍の指揮官に相当するわけだが、それは限られた画材（軍備・兵力）などで「精神」を表現し、それを鑑賞している人々（この場合は敵国のリーダーなど）の心を動かす（敗北を悟《さと》らせるなど）という意味で、芸術に通じるというのである。したがってハワードによれば「精神的な要因は、戦争において帰趨《きすう》を最終的に決定する要因となる」のである。つまり軍事や戦争とは、政治であると同時に、きわめて芸術的な領域にあるということだ。

もちろんこれを真に受けて「軍事や戦争においては現実を無視した精神論が重要だ」と受け取るのは、わが国をはじめとしたさまざまな国の軍や政治指導部が陥ってきた間違いであり、危険なことでさえあることはいうまでもない。

むしろハワードが強調していたのは、戦争も戦略も、そしてそれを包括する「政治」も、限られたリソースで「精神」を表現するという面では「科学」よりも「術《アート》」の分野に属するということであり、「この要因の価値を重視していない理論は、それがどのようなものであっても妥当なものとはならない」のである。

もちろん誤解していただきたくないのは、戦争や戦略はできるかぎり「科学的」なアプローチで分析・研究されるべきであるという点だ。ただしその本質や実行は、ハワードが解説しているように「術《アート》」として捉えられるべきものである、ということだ。

まとめていえば、戦争や戦略はクラウゼヴィッツの言うように、究極には「精神」のような人間心理の領域にあるということであり、その心理が、時代背景や物理的な制約によって構成されて成り立っているという視点だ。

謝辞に代えて

最後にこの場を借りて、監訳者として出版にこぎつけるまでお世話になった方々の名前を記して謝辞と代えさせていただきたい。まず原著者のハワード教授であるが『戦争論』の英訳版にサインを頂いた程度で、個人的な親交と呼べるものは全くなかったので、まさか自分が本書の翻訳を手掛けることになるとは思わなかった。残念ながら故人となってからの出版となったが、できれば直接お会いして完成をご報告できればと悔やんでならない。

個人的に非常に印象的だったのは、二〇〇六年に上述したロンドンのシンクタンクであるＩＩＳＳで、ハワードの自叙伝の出版記念講演会に参加したことだ。その時はほとんど本の内容にふれることなく、やたらと恥ずかしそうに「とにかく今日はお祝いするだけでいいじゃないか」とお茶を濁《にご》すようなことばかりだったので不思議に思っていたのだが、本の中身を見て納得がいった。というのも、自分が裕福な家庭に育った同性愛者であることや、イタリア戦線でボーイフレンドがいたことや部下を置き去りにしたこと、そしてイギリスの学会での権力闘争や、同性愛者であったからこそイギリスの政財界において特別なコネクションを得ることができたというエピソードなど、実にあからさまに自分の体験が書かれていたからだ。実にシャイに見えるが、権力闘争には果敢に立ち向かう姿勢など、実務家としても戦略研究や戦争学を制度的に確立し、労働党やサッチャー首相など政界にもパイプを持っていた人間としての「太さ」を感じさせる学者であったとあらためて感じる。

訳者である古池典久氏と中谷寛士氏には日本クラウゼヴィッツ学会の同じ会員として訳出作業で大変お世話になった。もちろん本書のあらゆる部分での最終的な意味や訳文の解釈については、監訳者である私に責任があることは言うまでもない。また、作業場として使わせていただいた喫茶店では真紀さん、香奈さんそして店長の史晃さんに大変ご迷惑をおかけしてしまった。

そして本書の企画を最後までじっくりとお待ちいただいた勁草書房の上原正信氏には、私の作業の遅れでひたすらご迷惑をおかけしてしまったということからお礼の言葉が見つからない。あらためて感謝する次第である。

さらに学びたい方のために

ハワード自身は本書の巻末に「関連文献」（Further Reading）としていくつか文献を挙げているが、ここでは日本の読者向けに、日本語でも入手できるクラウゼヴィッツ関連の書籍を紹介しておきたい。

まず『戦争論』の訳書としては、文豪の森鷗外が留学した時に訳したものから日本に数多く存在するが、現代語訳として使用に耐えうるものとしては以下の三冊がある。

清水多吉訳『戦争論』上下巻、中央公論新社、二〇〇一年

日本クラウゼヴィッツ学会訳『戦争論 レクラム版』芙蓉書房出版、二〇〇一年

加藤秀治郎訳『縮訳版 戦争論』日本経済新聞社、二〇二〇年

本訳書では翻訳の時期の都合から先行の二つの訳（清水訳とレクラム版）を使用したが、時期が合えば最新の「加藤訳」で統一すべきであったと感じている。それほど新訳版の訳の質は高く、今後出版される予定となる「完全版」と合わせて金字塔になるものと確信している。

また、日本語で読める研究者向けのものとしては、以下の三冊をおすすめしたい。

清水多吉・石津朋之編著『クラウゼヴィッツと「戦争論」』彩流社、二〇〇八年
マイケル・I・ハンデル著、杉之尾宜生・西田陽一訳『米陸軍戦略大学校テキスト 孫子とクラウゼヴィッツ』日本経済新聞出版、二〇一七年
ベアトリス・ホイザー著、奥山真司・中谷寛士訳『クラウゼヴィッツの「正しい読み方」』芙蓉書房出版、二〇一七年

清水・石津編著は研究者たちによるクラウゼヴィッツに関する論文集という体裁の研究書であるため、入門書としてはとっつきにくいのが難点であり、ハンデル、ホイザー本もその原著の刊行時期がそれぞれかなり古く、いずれも二〇年近く前であるのが難点である。

ハンデル本は孫子との比較から浮かび上がってくるクラウゼヴィッツの思想の特徴がよく描かれており、ホイザー本はハワードとその弟子となるフリードマンがキングス・カレッジで教えていたクラウゼヴィッツ入門コースを担当する際に用意した講義録を意識して書かれたものである点に注目したい。

英語が読める方は、ぜひ以下のウェブサイトにアクセスしていただきたい。クラウゼヴィッツに関する最新の論文や著書が豊富に紹介されている。

https://www.clausewitz.com/

日本語で書かれた入門書としてはビジネスマン向けのものが多数存在するが、図解版ながら質の高いものとしては、日本クラウゼヴィッツ学会の前会長を務められた故川村康之先生による以下のものが優れている。

川村康之著『60分で名著快読 クラウゼヴィッツ「戦争論」』日本経済新聞出版、二〇一四年

さらに漫画版としては『戦争論』の訳者である清水先生が監修につき、元自衛官の漫画家が著した以下の本が時代背景などを丁寧に描いていておすすめできる。

清水多吉監修、石原ヒロアキ作・画『漫画クラウゼヴィッツと戦争論』並木書房、二〇一七年

それ以外には、日本で唯一のクラウゼヴィッツに関する学会で長い歴史もある「日本クラウ

ゼヴィッツ学会」が定期的に論文などを刊行しているので、あわせてそちらもご覧いただきたい。

http://www.clausewitz-jp.com/

監訳者　奥山　真司

マ　行

ヤ　行

ラ　行

ナ　行

ハ　行

サ　行

タ　行

索　引

ア　行

カ　行

●訳者紹介

古池 典久（ふるいけ のりひさ）〔序論、第1～3章を担当〕
日本クラウゼヴィッツ学会会員、戦略研究学会会員。化学メーカー勤務（知的財産部所属）。
1978年生まれ。東京大学文学部歴史文化学科卒業。

中谷 寛士（なかたに ひろし）〔第4、5章を担当〕
航空自衛隊幹部学校航空研究センター研究員。専門は戦略研究、冷戦史。
1988年生まれ。英国レディング大学で博士号（Ph.D.）を取得。政治学博士。
訳書にベアトリス・ホイザー『クラウゼヴィッツの「正しい読み方」』（芙蓉書房出版、共訳）がある。

●著者紹介

マイケル・ハワード（Sir Michael Eliot Howard）

イギリスの歴史学者、戦史研究者。

1922年生まれ。第二次世界大戦ではイタリア戦線で従軍。戦後、オックスフォード大学クライストチャーチ校を卒業して研究の道に進み、1947年にロンドン大学キングスカレッジに赴任、戦争学部の創設に尽力した。

1970年からはオックスフォード大学オールソウルズカレッジのチチェリー講座教授、現代史欽定講座教授などを歴任し、その後アメリカにわたってイエール大学歴史学部に軍事史・海軍史講座担当教授として赴任、1993年に退職した。

著書は多岐にわたるが、邦訳されているものとして『第一次世界大戦』（法政大学出版局）、『ヨーロッパ史における戦争』（中公文庫）、『戦争と知識人』（原書房）などがある。また、クラウゼヴィッツ『戦争論』を英訳し、普及させたことでも知られている。

●監訳者紹介

奥山 真司（おくやま まさし）
国際地政学研究所上席研究員、青山学院大学などで講師。専門は地政学、戦略研究。
1972年生まれ。カナダのブリティッシュ・コロンビア大学を卒業。英国レディング大学大学院で修士号（M.A.）と博士号（Ph.D.）を取得。戦略学博士。
著書に『地政学』（五月書房）など。訳書にクライブ・ハミルトン『目に見えぬ侵略』（飛鳥新社）、ジョン・ミアシャイマー『大国政治の悲劇』（五月書房新社）、コリン・グレイ『現代の戦略』（中央公論新社）、エドワード・ルトワック『戦争にチャンスを与えよ』（文春新書）、J.C.ワイリー『戦略論の原点』（芙蓉書房出版）など多数。

クラウゼヴィッツ
『戦争論』の思想

2021年７月20日　第１版第１刷発行

著　者　マイケル・ハワード
監訳者　奥《おく》　山《やま》　真《まさ》　司《し》
発行者　井　村　寿　人

発行所　株式会社　勁《けい》　草《そう》　書　房
112-0005　東京都文京区水道2-1-1　振替　00150-2-175253
（編集）電話　03-3815-5277／FAX　03-3814-6968
（営業）電話　03-3814-6861／FAX　03-3814-6854
堀内印刷・松岳社

ISBN978-4-326-35182-4　Printed in Japan